彩图 5

黄瓜嫁接苗

彩图 6

开花坐瓜期的黄瓜植株

彩图 7

结瓜期的黄瓜植株

彩图 8

黄瓜依次结瓜的状态

U0388815

彩图 9

黄瓜经植物生长调节剂处理及疏花后的状态

彩图 10

一节多瓜

彩图 11

吊架

彩图 12

黄瓜盘蔓后的状态

彩图 13

在秸秆反应堆上制作双高垄

彩图 14

温室前沿挂薄膜防滴水

彩图 15

二氧化碳施肥

彩图 16

低温季节覆盖地膜

彩图 17

霜霉病发病初期病叶

彩图 18

霜霉病发病中后期病叶

彩图 19

霜霉病病叶背面产生灰黑色霉层

彩图 20

霜霉病患病植株

彩图 21
炭疽病发病初期病叶

彩图 22
炭疽病圆形病斑

彩图 23
疫病患病植株

彩图 24
疫病发病初期边缘不明显的病斑

彩图 25
灰霉病发病初期病叶

彩图 26
灰霉病病叶上的灰色霉层

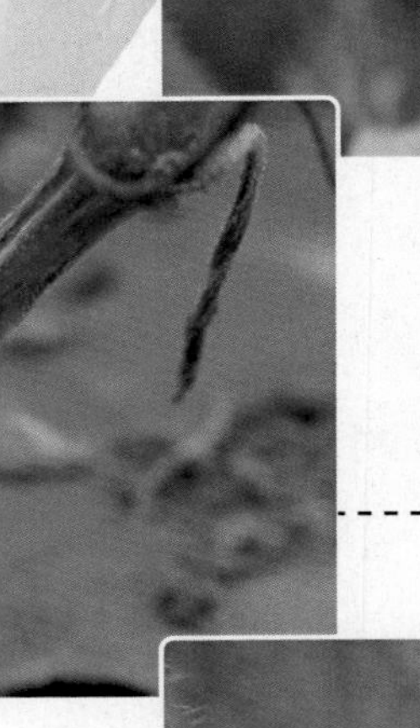

彩图 27
灰霉病病茎

彩图 28
灰霉病病果

彩图 29
细菌性角斑病患病叶面

彩图 30
细菌性角斑病病斑破碎穿孔

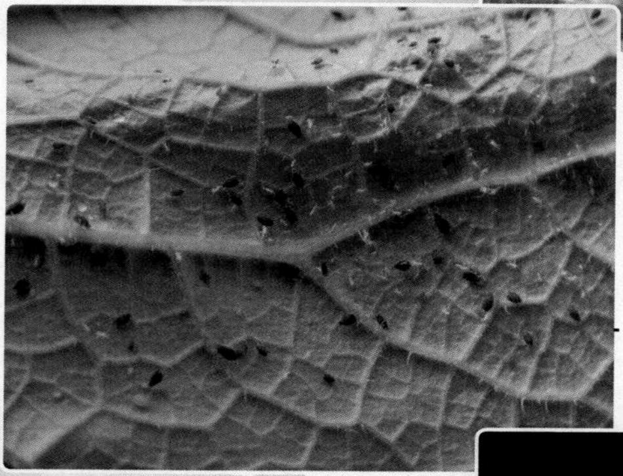

彩图 31
无翅蚜

彩图 32
有翅蚜

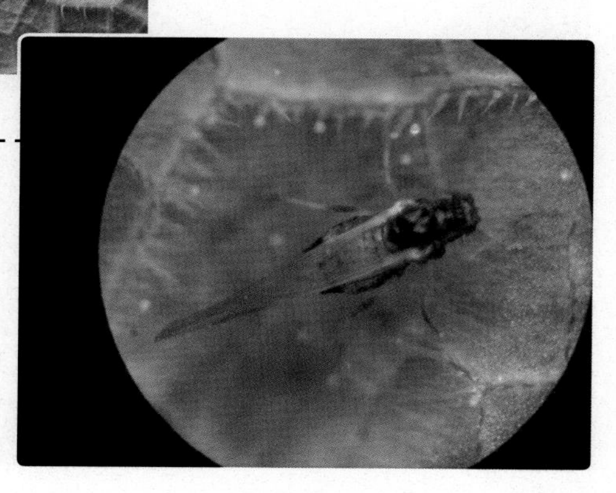

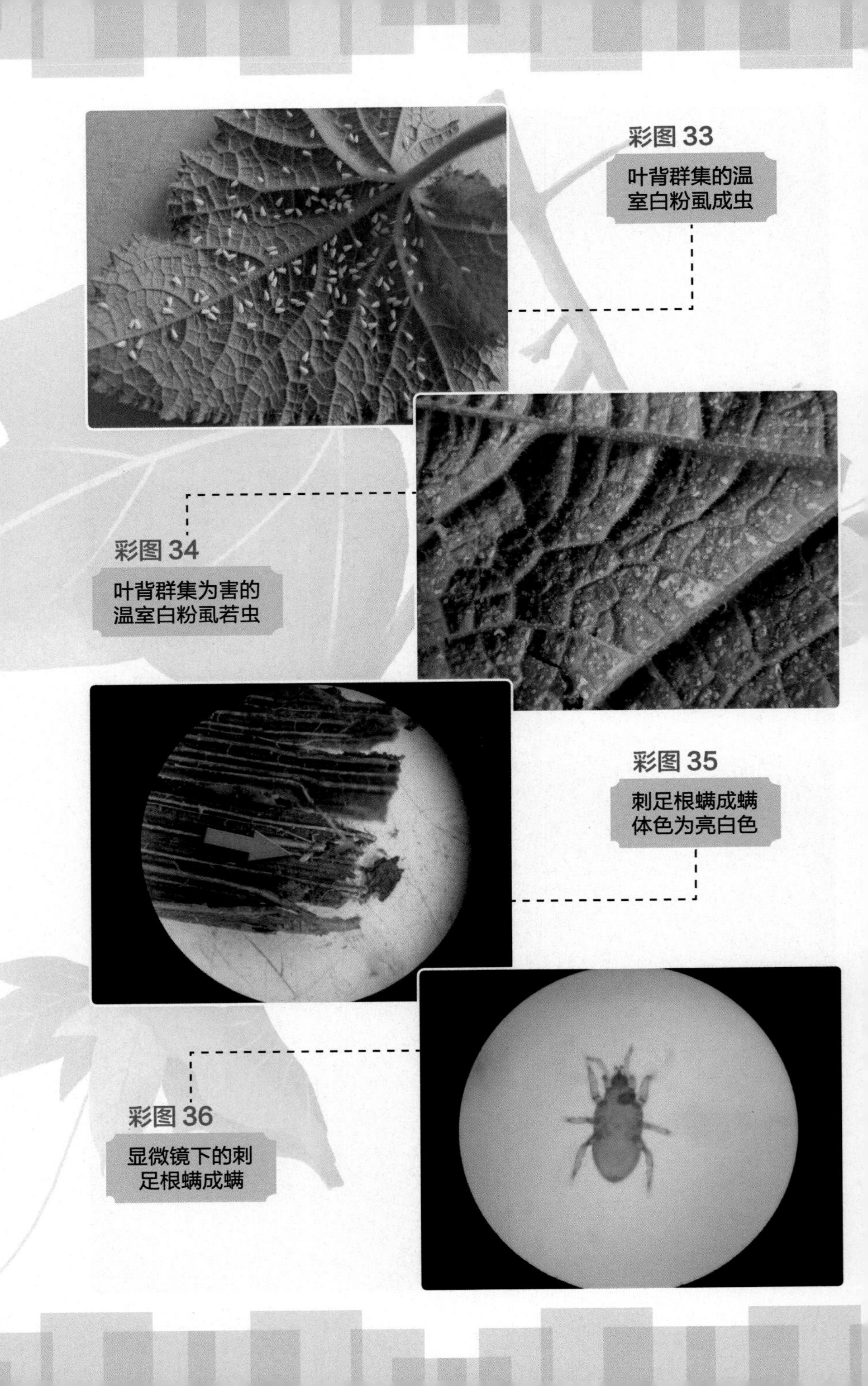

彩图 33
叶背群集的温室白粉虱成虫

彩图 34
叶背群集为害的温室白粉虱若虫

彩图 35
刺足根螨成螨体色为亮白色

彩图 36
显微镜下的刺足根螨成螨

黄瓜栽培关键技术精解

王久兴　编著

金盾出版社

内 容 提 要

本书由河北科技师范学院王久兴教授编著，作者采用文字、图片、视频等形式，介绍了黄瓜栽培理论与关键技术。内容包括：黄瓜栽培理论基础，日光温室的设计与建造，日光温室越冬茬黄瓜栽培技术，日光温室冬春茬黄瓜栽培技术，露地秋黄瓜栽培技术，以及黄瓜常见病虫害及防治等。全书内容系统，技术实用，可操作性强，可供菜农、农资商、基层农技推广人员和农业院校师生阅读、参考。

图书在版编目（CIP）数据

黄瓜栽培关键技术精解 / 王久兴著. -- 北京 : 金盾出版社, 2025. 1. -- ISBN 978-7-5186-1809-5

Ⅰ. S642.2

中国国家版本馆CIP数据核字第2024KS9259号

黄瓜栽培关键技术精解

HUANGGUA ZAIPEI GUANJIAN JISHU JINGJIE

王久兴　编著

出版发行：	金盾出版社	开　　本：	880mm×1230mm　1/32
地　　址：	北京市丰台区晓月中路29号	印　　张：	5.25
邮政编码：	100165	字　　数：	101千字
电　　话：	（010）68276683	版　　次：	2025年1月第1版
	（010）68214039	印　　次：	2025年1月第1次印刷
印刷装订：	北京凌奇印刷有限责任公司	印　　数：	1～2000册
经　　销：	新华书店	定　　价：	28.00元

（凡购买金盾出版社的图书，如有缺页、倒页、脱页者，本社发行部负责调换）

版权所有　侵权必究

前言

在我国，黄瓜是栽培面积最大的设施蔬菜之一。黄瓜对设施和栽培技术的要求都比较高，而且抗病性较差。拥有多年栽培经验后，多数菜农掌握了一定的栽培技能，但很多人对黄瓜自身特性缺乏深入了解，对其他地域的栽培技术也了解不多，整体技术水平尚有很大的提高空间。

在图书市场上，关于黄瓜栽培技术方面的书籍很多，但有些书籍内容重复、陈旧，对生产的指导性较差。为此，笔者结合多年教学经验，在本书中详细阐述了黄瓜栽培的基础理论，以期解决众多菜农理论薄弱的问题，补齐其理论短板，提高其对新技术、新知识的理解和接受能力。同时，在书中，笔者融入了多年从事蔬菜研究的成果、技术指导的经验、收集到的老菜农的窍门妙招，以及国内蔬菜界最新的科研成果，包括新技术、新品种、新肥料、新农药等，试图为新老菜农提供丰富、直观、实用的技术支持。

本书融合了文字、图片、视频等多种形式，全方位地对黄瓜栽培的理论及经验加以介绍，更便于读者理解。

为适应菜农习惯，方便菜农理解，减少误解，本书度量衡单位尽量使用汉字，且选用人们熟悉、习惯且符合国家标准的单位名称。

由于水平所限，书中定有错误和不当之处，敬请同行专家、读者批评指正。

目 录

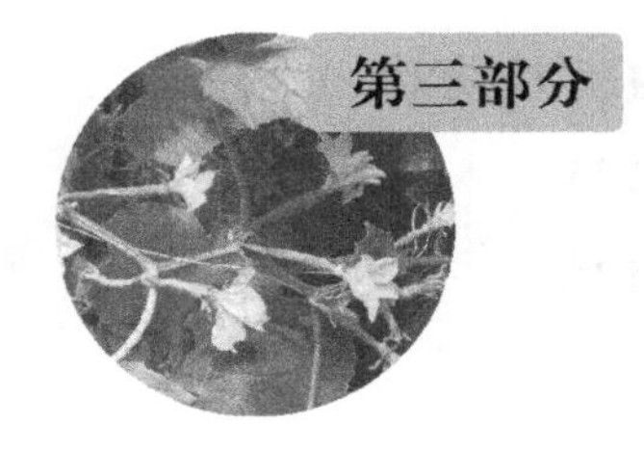

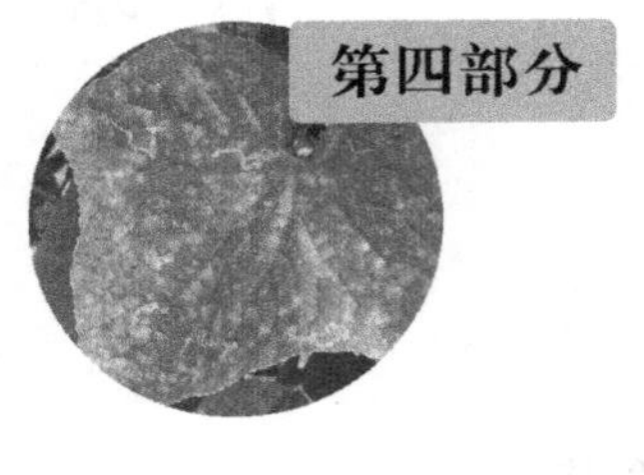

第四部分 日光温室冬春茬黄瓜栽培技术

第五部分 露地秋黄瓜栽培技术

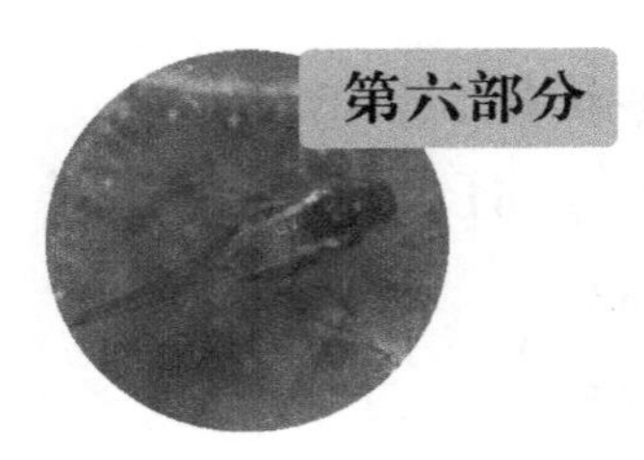

第六部分 黄瓜常见病虫害及防治

视频目录

第一部分

黄瓜栽培理论基础

黄瓜原产于喜马拉雅山南麓的热带雨林气候区，在漫长的进化过程中，一直生长在高大树木之下，茎蔓沿着树木枝干向上攀缘，引领着叶片寻找树叶间隙透过的阳光。雨林的环境潮湿多雨，树下土壤中水肥充足且富含有机物质，这些都使黄瓜慢慢形成了与之相适应的植株形态，表现为根系分布浅、叶片薄且大、茎蔓细长，具备了喜温、喜湿、耐弱光的生态特性。这些原始的特征特性，使经过长期驯化、多代选育的黄瓜栽培种，天然地对日光温室的生态环境和栽培条件具备较好的适应性，但美中不足的是，仍然存在某些不适应的方面。另外，黄瓜类群和品种之间的适应性也存在着较大差异，比如某些品种根本不能在日光温室里正常生长。因此，对具备一定栽培经验的种植者来讲，了解黄瓜的生物学特性及其对设施环境的适应性，对进一步提高技术水平十分重要。

一、植物学特性

在植物学分类中，“黄瓜”这一名称是种名，黄瓜属于葫芦科、黄瓜属，是一年生、蔓生或攀缘性草本植物。植株由根、茎、花、叶、果实、种子等构成。种植者通过了解黄瓜的植物学形态特点，可以进一步理解其特性，进而采取相应的栽培措施。

（一）根

1. 形态

黄瓜的根分为主根、侧根和不定根。

（1）主根（初生根）

指由种子的胚根直接发育而来的根。主根垂直向下生长，成龄植株的主根完全伸长可达 1 米以上，但在实际的土壤栽培中，超过 20 厘米长度的根量很少。

（2）侧根（次生根）

指主根上的分叉。主根上出现分叉，形成第一级侧根，第一级侧根上再分叉，形成第二级侧根，以此类推。在实验条件下，黄瓜的侧根横向伸展。如果完全伸展，能达到 2 米左右，但在实际的土壤栽培中，人们看到的根系往往分布在很小的范围内。

（3）不定根

指从茎的不同部位发生的根，以茎基部接近土壤的位置发生最多。实际上，不定根比主根、侧根这样的定根更强壮。在生产中，不定根也是有重要作用的。比如，主根受伤后，可以通过刺激发生不定根，来弥补主根的吸收功能。

2. 特点

（1）根量少且分布浅

黄瓜起源于喜马拉雅山南麓的热带雨林气候区，所

处环境炎热潮湿，土壤肥沃，有机质含量高。很容易想象，在这样的条件下，黄瓜的根系吸收水分和土壤腐殖质中的养分都十分便利，根本无须向更深、更广处大范围地寻找水肥，而且土壤深处含水量高，空气含量少，根系呼吸困难，所以根系不向那里发展。因此，黄瓜在进化过程中，逐渐形成了较弱的根系，表现为根量相对较少，根系结构稀疏松散，分布较浅。

数据表明，黄瓜根群主要分布在根际半径 30 厘米，深度 0～20 厘米的土层中，尤其以深度 10 厘米以内的表土层根系分布最为密集。这意味着，设施栽培的黄瓜，其根系吸收水肥的范围小，吸水、吸肥能力差。这种浅根性也决定了根系的喜湿性、好气性、喜肥性，因为只有土壤湿润，通气性好，肥料充足，弱小的根系才能正常呼吸并获得足够的水分和养分。

好气性，指黄瓜的浅根系呼吸作用旺盛，要求土壤孔隙度高，通气良好。根系不能忍受土壤空气少于 2%的低氧条件，以土壤空气含量 15%～20%为宜。换言之，其一，黄瓜根系要分布在表层土壤中，因为表层土壤才有充足的空气。其二，土壤必须疏松，不板结。针对这一特性，栽培上最好选择透气性良好的砂质壤土，不应选择黏重土壤，还要施足腐熟有机肥料，提高土壤通透性，并注意减少对行间土壤的踩踏。黄瓜幼苗在定植时不能埋土过深，生产上有“黄瓜露坨，茄子没脖”的说法。

喜湿性，指黄瓜根系要求土壤湿润。栽培过程中，要保持土壤有足够的含水量。浇水原则是“少量多次”，注意要比栽培大多蔬菜更经常性地、及时地供给肥料和水分，否则就难以获得高产。

（2）根系木栓化早

黄瓜根系木栓化比较早，断根后再生能力差，主根受伤以后再难发生侧根。针对这一特性，栽培上建议应注意此问题。

在育苗时，应采取护根措施，尽量使用营养钵、穴盘等容器进行护根育苗。在栽培管理过程中不要伤及根系，尽量保持根群的旺盛生命力。定植时要尽量多带土，这样才能保全更多的根系。同时浇足定植水，及时浇缓苗水，诱发新根。一旦错过时机，根系一经老化，再诱根就比较困难了。例如，日光温室秋冬茬黄瓜，在定植后3～7天，如不能及时浇1～2次缓苗水，就不能及时诱发出新根，较高的地温下根系一旦木栓化，再发根就比较困难了。有很多缺乏栽培经验的种植者因定植后不注意浇水而导致栽培失败。

黄瓜根系的再生能力常因类型、品种的不同而有一定的差别。一般来讲，春季栽培的早熟类型品种，要比夏秋季节栽培的晚熟类型品种有更强的再生能力。由此可见，夏秋露地栽培，以直播方式更为适宜，如果采用育苗方式，那么定植时幼苗的苗龄也应该偏小一些，以

免因根系损伤降低幼苗成活率或延长缓苗时间。

（3）易发生不定根且不定根生长旺盛

黄瓜的定根根量少，生命活力差。但茎基部容易产生不定根，而且相对来讲，要比定根生命力旺盛，生长速度也更快。针对这一特点，栽培上应注意如下几方面。

育苗时经常可见到接近土壤的茎部有许多白色突起，一旦水分合适，这些突起便会长出不定根。对此，在育苗期和定植后应采取培土、浇水的方法，进行“点水诱根”，这样做可扩大根群，对黄瓜生产十分有利。

进行嫁接育苗时，接穗的末端如果接触土壤，很容易长出不定根。这样，土壤中的枯萎病病原菌就会侵染接穗，丧失嫁接的意义，这一点必须予以重视。

在繁育珍贵的杂交种时，也有人利用黄瓜易生不定根的特性，通过茎蔓扦插的方法获得新植株。

综上所述，对日光温室各茬栽培来说，黄瓜根系的特点既有适应性，也存在矛盾，要求种植者在栽培过程中采取针对性的管理措施，并通过各项农业措施来协调并解决好黄瓜根系自身的喜湿与好气，喜温与喜湿，喜肥而又不耐肥的矛盾。生产实践表明，大量增施有机肥，合理灌溉，分期追施速效化肥等措施，有利于土、肥、水、气的协调，使黄瓜根系发育健壮并能不断更新复壮。从长远看，嫁接换根，则是彻底解决根系与栽培环境矛盾的有效方法。

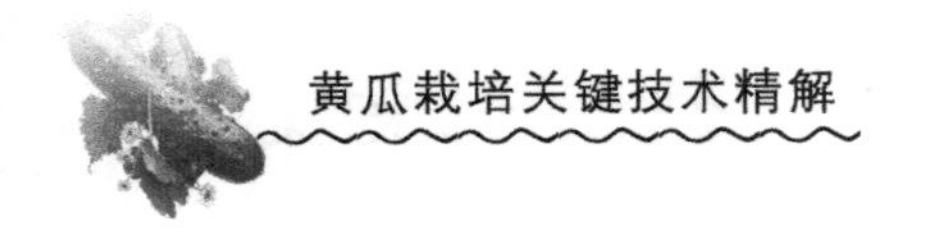

（二）茎

1. 形态

幼苗下胚轴（即幼茎）上有一个突起，叫作种踵，对子叶脱去种皮有很大作用。

成株期的茎通常有5条纵棱，表面有白色的糙硬刚毛。茎的粗度是衡量植株健壮程度和产量高低的主要标志，一般健壮的植株茎粗应达到1厘米以上。

黄瓜的茎细长，长度会因品种、环境、营养和水分等因素而不同，一般条件下长度在5米以上。茎过长不利于水分和养分的输导，不易保持植株的水分平衡。但是也有些品种是矮生的，属于有限生长类型，其高度最矮的不到50厘米，主要用于露地栽培。

从横切面看，茎中空，由表及里大致分为厚角组织、皮层、环管纤维、筛管（分布于厚角组织以内和环管纤维内外）、维管束和髓腔。其中，维管束由外韧皮部、木质部和内韧皮部构成（图1.1）。黄瓜的茎皮层薄，髓腔大，机械组织不发达，所以不能直立，容易折损，但输导能力较好。

2. 特性

（1）蔓性

黄瓜的茎属于攀缘性蔓生茎，不能直立生长，只能借助卷须进行攀缘，让叶片分布到最为有利的空间去争

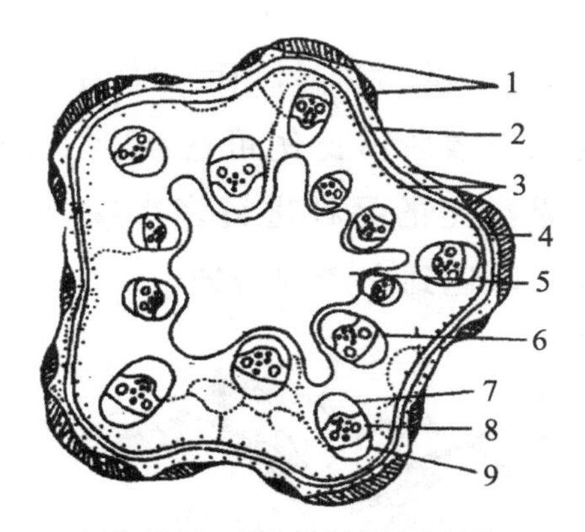

1.厚角组织；2.环管纤维；3.筛管；4.皮层；5.髓腔；6.维管束；7.内韧皮部；8.木质部；9.外韧皮部。

图 1.1　黄瓜茎内部结构

取光照，栽培中需要通过搭建支架或吊架来弥补其直立型的缺失。露地栽培时，茎上的卷须能缠绕在支架上提高植株的攀附能力；日光温室栽培时，卷须的作用不大，反而会消耗养分，也妨碍绑蔓，应及时将其掐去，通过人工绑蔓进行植株调整。

（2）分枝与结瓜习性

黄瓜的茎具有顶端优势，也具有较强的分枝能力，主蔓上可以长出侧蔓，侧蔓还可以再生侧蔓，形成孙蔓（图 1.2）。侧蔓数目的多少主要与品种特性有关，一般来说，中晚熟品种的侧蔓要多于早熟品种。以侧蔓结瓜为主的品种类型，通常随着侧蔓级数的增多，雌花数量也会增多，也就是说，这类品种的主蔓不如子蔓结瓜多，而子蔓又不如孙蔓结瓜多。例如，有些品种在主蔓上的雌花数量占总花数的 8.3%，而子蔓上的雌花数约占 14%，孙蔓的雌花数所占比例可达 40%。因此，在栽培上要对侧蔓结果类型的品种进行多次摘心，其目的就是要增加结瓜数，以达到高产的目的。

图 1.2　黄瓜分枝习性

当前多数黄瓜品种侧蔓较少，以主蔓结瓜为主。需要提及的是，栽培条件对侧蔓的多少也有一定的影响。

(3) 生长习性

黄瓜幼苗一出土，幼茎对光照和温度就十分敏感。如果这个时期，所处环境持续高温和光照不足，则茎很容易徒长，并对以后的生长发育带来不利影响。因此，出苗后要尽量保持较强光照，必要时进行人工补光，并保持一定的昼夜温差，只有这样才能促使幼茎粗壮生长。

幼茎粗壮而不徒长，是壮苗的重要标志。

另外，黄瓜的茎蔓脆弱，易受到多种病害的侵害和机械损伤，生产上应注意保护。

（4）输导能力

从长期看，黄瓜茎的输导组织的性能相对良好，即使黄瓜生长期长，植株也不易衰老。但在短时间内，茎长又不利于水分和养分的输导，不易保持植株的水分平衡，加之叶面蒸腾量大，极易因缺水造成叶片萎蔫，特别是连阴或雪后骤晴，植株失水死亡的可能性比其他蔬菜要大一些。

（三）叶

1. 形态

黄瓜叶片分为子叶和真叶两种。

（1）子叶

黄瓜是双子叶植物，子叶有两片，对生，呈长椭圆形，其制造和贮藏的养分是幼苗早期主要的营养来源。健壮的子叶肥大，色深，平展，边缘整齐无锯齿。

子叶的生长状况取决于种子本身和栽培条件，其肥瘦、形状、姿态在一定程度上反映了育苗环境的适宜程度。比如，种子发育不充实会导致幼苗子叶瘦弱畸形；土壤水分不足，子叶则不舒展；肥料施用不当时，会使根部受害，子叶颜色加深，甚至萎蔫；水分多或光照不足，则子叶发黄。此外，定植前和定植后子叶保持完整的程度和时间长短，反映了生产者的管理水平。可见，幼苗的子叶已经成为反映幼苗或植株健康状况和环境条件适宜性的晴雨表，生产上可以通过观察子叶来诊断苗情。

(2) 真叶

真叶互生。叶柄长 10～16 厘米，表面粗糙，有刚毛。叶片呈五角心脏形（或称宽卵状心形、五角掌状），3～5 个角或浅裂，先端急尖或渐尖，基部弯缺半圆形，有时基部向后靠合。叶缘有缺刻，细锯齿状。叶片较大，长、宽均 7～20 厘米，叶面积 400～600 厘米^2。较薄，两面粗糙，有刚毛。

视频 1　黄瓜叶片

在日光温室里，黄瓜叶片的大小和肥厚程度易受到温度、水肥管理条件和品种的影响。一些不适宜在日光温室中栽培的黄瓜品种，常表现为叶片窄小、不展开或上举等。进入正常生长时期，日光温室里黄瓜的叶片一般都要比露地大，叶柄更长。硕大的叶片常常是黄瓜丰产的一个重要标志。

2. 特性

(1) 光合强度随叶龄变化

黄瓜的叶片未展开时呼吸作用旺盛，光合作用较弱。

从叶片展开起，光合同化能力逐渐提高，叶片展开10天左右达到最大叶面积时，光合强度也达到最高水平，叶片制造养分的能力最强。这一时期一般维持30～40天，也就是说叶龄10～50天范围为光合强度最佳叶龄，即一片叶的有效功能期一般只有30～40天，之后光合强度逐渐降低。可见，成龄叶是光合作用的中心叶，应格外用心加以保护。

在设施环境下，黄瓜叶片寿命长达120～150天。生长后期植株下部的老龄叶片光合强度弱，消耗养分水分多，影响通风透光，易感病，应及时予以摘除。

许多资料认为，黄瓜合理有效的叶面积系数（叶片面积与相应土地面积的比值）是3～4，即每667米^{2}土地上的黄瓜叶面积累加数应达到2 000～2 600米^2，相当于栽培地面积的3～4倍。在设施栽培条件下，采用吊架栽培，叶面积系数可以增至5左右。

（2）叶片水分蒸腾量大

黄瓜叶片大而薄，蒸腾能力较强，因此栽培上要保证充足的水分供应。除叶面蒸发外，在夜间，温室内黄瓜的叶片会从叶缘吐水、吐盐。

（3）叶片脆弱

黄瓜叶片对营养要求高但自身积累营养物质的能力较弱，这导致叶片脆弱，极易遭受病虫、有害气体的危害及机械损伤，在进行植保、施肥和整枝绑蔓等田间操

作时，必须特别注意保护好叶片，尤其是要保护好处于光合能力旺盛期的中上层功能叶。

（4）叶片喜光

叶片是光合作用器官，不仅要使叶片最大限度地接受光照，减少相互间的遮阴，同时还要保持适宜的夜温，使白天光合作用制造的养分能及时输送出去，防止在叶内沉积，影响次日光合作用并引起叶片老化。

（四）花

1. 形态

黄瓜栽培品种的花绝大多数为单性花，即一朵花中只有雄蕊或只有雌蕊，从而分为雄花和雌花，偶尔也有两性花。花萼和花冠均为五裂，花萼绿色有刺毛，花冠黄色。

（1）雄花

雄花多为簇生，数朵聚集于叶腋，偶见单生。花梗纤细，长 0.5～1.5 厘米。花萼筒狭钟状或近圆筒状，长 8～10 毫米，花萼裂片钻形，开展，与花萼筒近等长。花冠黄色或黄白色，长约 2 厘米，花冠裂片披针形，急尖。有雄蕊 3～5 枚，多数花为 5 枚，其中 4 枚两两连生，另有 1 枚单生，雄蕊合抱在花柱的周围。花丝近无。花药长

视频 2　黄瓜雄花

3～4 毫米，药隔伸出，侧裂散出花粉。

（2）雌花

视频 3 黄瓜雌花

雌花稀簇生，花梗粗壮，被柔毛，长 1～2 厘米。外观上看，雌花在花冠之后带有子房（小黄瓜），子房下位，纺锤形，粗糙，有小刺状突起。子房一般有 3 个心室，也有的为 4～5 个心室。花柱较短，柱头三裂。

（3）两性花

在同一花中兼备雌雄两种器官。

2. 特性

（1）株型

植株因具不同花型而有不同株型之分。由雄花和雌花混生组成的株型称作雌雄同株异花型，简称雌雄同株型，多数栽培品种属此类型，每棵植株上既有雌花又有雄花，雌花和雄花的比例却有较大差异。有的品种雌花多，有的品种雌花少。

再有就是雌性型，植株上仅有雌花而无雄花，这种类型品种或杂交种在生产上已屡见不鲜，我国在 20 世纪 70 年代末就已经育成并推广此类杂交种。

除上述两类外，还有雄性型，即单一着生雄花；两性花型，只着生两性花；雌全同株型，雌花与两性花混生；雄全同株型，雄花与两性花混生；三性花同株型，三种花型生于一株。

（2）着生规律

花的着生和开花顺序，通常都是由下而上进行的。黄瓜主蔓上第一雌花的节位与早熟性有很大关系，为了争取早熟，最好选择第一雌花节位低的品种。通过调控环境或叶面喷施植物生长调节剂可影响雌花和雄花的比例。

（3）花芽分化

黄瓜花芽很早就开始分化，通常始于出苗后第五天，在种子发芽后10天左右。当两片子叶展开时，自第二叶腋处就发生小突起，开始了花芽分化。当第一片真叶展开时，幼苗生长点已经分化出12节，除靠近生长点的3个节外，其余各节中都已有花芽分化。第二真叶展开时已分化至14～16节，第3～5节花芽的性型已定。幼苗生长到7片叶时，主蔓生长锥已达27节，这时该节以下都有花芽，并且在16节以下的花芽的性型已经确定。可见，黄瓜从第一片真叶展开之后，就一面生长，一面发育，其一生一直都处在长茎叶和开花结瓜的矛盾运动之中。

黄瓜的花芽分化不像茄子、番茄、辣椒及十字花科植物那样在生长点进行分化，黄瓜生长点只分化叶芽，花芽是在叶芽分化以后，在叶芽内侧分化出来的。从叶芽两侧刚分化出来的花的原始体称为原基。花原基在叶芽内出现时，为很小的突起，在其外侧先生出5个小突

起，同时在其内侧又形成花瓣原基的小突起，这些突起的顶端再伸长互相抱合，将花蕾包裹于内。在花瓣突起形成前后，内侧花托表面长出两个大的和一个小的雄蕊突起，花托底部形成3个纯的雌蕊突起。

花芽刚分化时具有雄雌两性原基，由于外界环境条件的影响，以及幼苗本身的营养状况差异，有利于雌蕊原基发育时，雄蕊原基就退化，从而发育成雌花；有利于雄蕊原基发育时，雌蕊原基退化，就发育成雄花。可见，黄瓜花的性型是可塑的。诱导黄瓜花芽分化的外因主要是夜温和光周期。在幼苗花芽分化期，给予适宜的低夜温和短日照，即能促进花芽分化。

（4）性型分化

① 性型分化的概念　在花芽分化初期，黄瓜的花芽表现为两性花，性别有可塑性。这些花芽到底是发育成雌花、雄花还是两性花，要根据后期环境条件和幼苗自身情况而定。当条件有利于向雌性转化时，雄性器官退化，形成雌花；反之，则形成雄花。要使黄瓜早结瓜、多结瓜，必须弄清影响性型分化的因素，以便创造有利于雌花形成的条件，多形成雌花。

② 影响性型的因素

a. 品种。早熟品种雌花节位低，雌花出现早。

b. 温度。低夜温，较高的昼夜温差，有利于雌花分化。例如，第一片真叶展开后，白天 25～30℃，夜间

13～15℃，有利于体内营养物质的累积，促进雌花形成，增加雌花数目，降低雌花节位。产生花芽后，白天高温，晚上低温，有利于雌花的形成。夜间温度高，昼夜温差小，则幼苗徒长，有利于雄花的形成。在日夜温度都高时，雌花发生晚，数量也少。生产上，在花芽分化早期，第一叶到第四至五叶，即子叶展开后 10～30 天内，进行低夜温处理，可增加雌花数目，降低雌花着生节位。多数试验表明，促进雌花分化的有利温度是白天 20～25℃，但不超过 28℃；夜间 15～17℃，不宜低于 10℃和高于 18℃。

c. 日照。短日照有利于雌花分化，但短日照必须与低温相互配合，才能发挥作用。有人甚至认为，在低温、短日照这两个条件中，日照只决定花芽的产生，而温度则决定性型分化的趋向。在降低夜温的同时缩短日照时数，可增加雌花数，降低雌花着生节位。比如，日光温室冬春茬黄瓜，在不加温条件下进行生产，每天见光时间只有 8 个小时左右，昼夜温差比较大，所以不但雌花着生节位低，甚至很少出现雄花；相反，有的加温温室育苗，由于夜间温度偏高，昼夜温差小，不但雌花节位高，雌花数也少。

值得注意的是，8 个小时的短日照对雌花的分化最为有利；5～6 个小时的日照，虽有促进雌花发生的效果，但不利于黄瓜生长；光照时间超过 12 个小时，雄花

增加。短日照处理是为了诱导花芽及性型分化。由于黄瓜对短日照的感应是稳定的，处理后在长日照中花芽也能继续分化，所以，一般是在幼苗长到一定叶数时才进行处理。早熟、雌性趋向强的品种，在4～5片叶以前处理；晚熟、雌性趋向弱的品种，在5～6片叶以前处理。处理的天数，因品种和其他条件而异，但不能过久，否则光合作用时间短，不利于生长。幼苗期短日照处理时，因光合面积小，光合时间短，所以应提高光照强度，这样才能增加养分的制造和累积，有利于雌花的形成。

低温、短日照有利于花芽向雌性转变，而高温、长日照有促进雄花形成的作用。正因为短日照和较低的夜温，是促进黄瓜花芽向雌花转化的主要条件，所以在春季露地栽培时需提早播种育苗。这样，可以降低雌花的着生节位，提高雌花的比率。

d. 湿度。较高的空气湿度和土壤湿度有利于雌花分化和形成。土壤含水量由40%提高到80%时，雄花增加41%，而雌花则增加114%。再如，空气相对湿度80%比40%时的雌花数目大为增加。但土壤水分过多容易造成幼苗徒长，雌花形成晚，数目少，空气湿度过高也有相同效果，可见育苗期间不宜过分浇水。

e. 土壤营养。施肥对性型分化也有影响。首先是磷，磷是组成磷脂与核蛋白的元素，而磷脂与核蛋白又是原生质和细胞核的重要成分，因此对花芽分化有重要作用。

增施磷肥对黄瓜雌花性型的转化是有积极作用的。同时，磷可以促进黄瓜对氮的吸收。所以高磷处理的幼苗不但生长速度快，苗粗壮，长势强，叶色正，叶数多，而且根系特别发达。磷除作基肥施入土壤外，有研究表明，还可在三片真叶期、出现花蕾时，以及开花坐瓜期叶面喷施，每期连续喷 3 天，每天 2 次，能显著增加雌花数。定植后施磷，对黄瓜的早熟增产也有显著作用。氮和磷分期施用，有利于雌花的形成。光合作用强时，供给氮素有增加花数的作用，尤其是雌花增加更多，但氮素不可过多，否则植株徒长，消耗营养多，不利于雌花的形成。但分期施用钾肥有利于雄花的形成。

f. 气体。较高浓度的二氧化碳有利于雌花的形成。二氧化碳含量高时，可提高光合同化物的产量，增加雌花数量。除二氧化碳外，也有实验显示，当空气中一氧化碳含量高时，也会促进雌花分化，但这一点在生产上意义不大。另外，乙烯气体也有明显的增加雌花数量的作用。

g. 激素类物质。现已发现 2,4-滴、乙烯利、萘乙酸、吲哚乙酸、矮壮素、三碘苯甲酸等，均能促进雌花分化，而赤霉素可明显增加雄花的数量。应注意的是，由于品种、栽培季节等不同，处理效果也有差异。如乙烯利处理晚熟品种的效果比处理早熟品种的效果更好，特别是秋季栽培，处理后不仅可以使黄瓜早熟，还能提高产量。

目前，激素处理中最常用的是乙烯利。在育苗阶段给予低夜温短日照处理，幼苗内部会形成乙烯，高夜温长日照下则形成赤霉素。乙烯是雌花的成花激素，赤霉素是雄花的成花激素。在育苗条件不利于雌花形成时，用乙烯利这种植物生长调节剂处理效果明显，但是乙烯利有抑制生长的作用，使用时应慎重，浓度不宜过高，次数不宜过多。冬春茬黄瓜育苗阶段温差较大，日照较短，对雌花形成有利，未必所有品种都需要处理；秋黄瓜处在高温长日照，昼夜温差小的时期，需要进行乙烯利处理。日光温室秋冬茬黄瓜栽培中，为了避免植株早衰和争取中后期产量，一些地区已经改变了过去用乙烯利进行两次或三次苗期处理的做法，使黄瓜雌花出现晚一些，以使苗期茎叶生长占优势，从而培育出壮苗，为中后期多结瓜创造条件。

③ 黄瓜性型分化的生理机制　黄瓜性型分化与环境条件、生长调节剂的使用关系密切，这些因素是通过影响植物的代谢过程而左右性别发展方向的。一般来说，较高的代谢水平和较强的氧化能力是植株表现雄花或雄株的生理特点，而较低的代谢水平和氧化能力是植株表现雌花或雌株的生理特点。

黄瓜在生长发育过程中，一般是雄花先于雌花出现。雄花与雌花的比例，随着发育阶段的进行以及分枝级别的提高而下降。例如，黄瓜主蔓上雄花与雌花比例为

32∶1，侧蔓为15∶1，孙蔓为7∶1；基部第一侧枝形成的全为雄花，而植株顶端侧枝形成的有可能全为雌花。这说明植物性别的表现，与生长发育过程有密切的关系。幼龄植物长势旺，代谢水平高，表现雄性特征；随着植株的发育，长势渐弱，代谢水平和氧化能力降低，雌性特征增强。因此，环境条件中凡能促进或提高植株代谢水平及氧化能力的措施，都有加强趋向雄性的可能，而抑制代谢水平和氧化能力的措施，有加强雌性的可能。一氧化碳、乙烯能促进雌花的出现，主要是由于降低了氧化水平。

黄瓜性型分化时，体内氧化还原势之差决定了性型分化的趋向。氧化过程强时，有利于雄花的形成。环境条件也是通过对氧化还原过程的影响，支配性型分化的。例如温度，白天保持较高的温度，可以加强还原过程，夜间低温能抑制氧化。另外，短日照和充分的光照，能加强还原；充足的矿质营养，特别是有利于可溶性碳水化合物累积和氮化合物减少的营养物质，均有利于雌花的形成。

用植物生长调节剂处理黄瓜，对性型分化影响的效果与所用生长调节剂的种类、浓度等有关。凡促进植株生长的激素，均能加强雄性的趋向，刺激生长的激素，能使营养生长过盛而消耗大量碳素营养，不利于雌花之形成。而抑制生长的激素，则有助于雌性的表现。有些

激素浓度低时促进生长，而浓度高时抑制生长，对性型分化的影响随浓度而异。

可见，黄瓜的性型虽受遗传基因控制，但环境条件不同，酶的活性发生变化后，会使性型产生不同的表现型。众所周知，植物的生长发育，以营养物质为基础。果实和种子属于生殖器官，贮藏着大量的营养物质。黄瓜的雌花，是将要形成果实的器官，其营养物质，特别是碳素养分大量积累时有利于分化。因此，为了促进雌花分化，必须加强营养物质的累积。

（5）开花与授粉

黄瓜一般在上午6～10时温度达到15℃时开始开花，最适温度为18～25℃。雄花的寿命短，开花后次日便凋萎。雌花从开花前2天到开花次日都具有受精能力。开花维持时间的长短与栽培条件也有关系，在设施内，谢花较迟。花粉发芽的温度范围为10～35℃，最适温度为20～25℃。在自然生长的条件下，黄瓜的花是借助于蜜蜂或其他昆虫传送花粉的。

（五）果实

1. 形态

黄瓜果实为瓠果，果实的性状因品种而异，形有长短，色有深浅，刺瘤或有或无、或大或小，刺色有黑色、褐色、白色之分，果皮和果肉也有厚有薄。多数果实呈

长棒形或短棒形。不同生态型黄瓜的果实颜色差异较大，幼嫩果实呈乳白色、淡黄色、黄绿色至深绿色。普通黄瓜品种果面粗糙，多数品种果面有白色、褐色或黑色的具刺尖的瘤状突起，也有的比较平滑。有的果实有来自葫芦素的苦味。

黄瓜果实是子房下陷于花托之中，由子房与花托合并发育形成的，在植物学上属于假果。剖视可见果实一般有3个心室，种子着生在腹缝线上。可食的肉质部分为果皮和胎座。胎座肉质化，特别发达。外果皮、内果皮、中果皮均肉质化，为主要食用部分。

2. 特性

（1）果实发育的影响因素

果实的细胞分裂在开花前进行，开花后主要是细胞膨大。雌花开花前，子房的细胞正处于分裂增生时期，此时适当控制肥水可使植物体内营养物质得到调整，限制营养器官的过旺生长，因而有利于子房的发育。当子房开始长大，瓜把颜色变深，形态变粗，这时正是细胞发育转向体积迅速膨大阶段，如能抓住这一时机及时浇水施肥，将会有力地促进瓜的发育。土壤水分不足，往往导致瓜形不整或发育受阻。

茎蔓上部结瓜时，植株下部的叶腋仍可能再次产生雌花并结瓜，即“回头瓜”，回头瓜的商品性同样取决于植株的营养状况。

（2）单性结实

黄瓜的结果特性比较特殊，雌花可以不经过授粉、受精而发育形成商品果实，这一特性称为单性结实。单性结实能使黄瓜在密闭而无传粉条件的设施里结瓜。

① 授粉与单性结实　瓜的发育状况与授粉有一定的关系。有些品种经虫媒授粉后才能结瓜。不经授粉，则化瓜多，产量明显降低。多数黄瓜花在营养充足的情况下，即使不经授粉受精，果实也可以长得很好，而且有些品种的单性结实率还很高。由于没有种子形成，植株可以把节省下来的营养物质转移到营养体的生长和新瓜的发育上去，因而有助于产量的提高。同时，没有种子的果实，在品质上也有很大的改进。黄瓜的这种单性结实特性，对缺少昆虫授粉的设施栽培来说，尤为重要。雌花被授粉而产生种子，种子的形成又促进了子房发育，因而结瓜快，坐瓜多，这是一方面。另一方面，种子的形成和发育需要夺去许多营养物质，这又加重了营养器官的负担，削弱植株的生长和形成新雌性器官的能力。所以，果实如果不及时采收，不仅降低产量，而且还会因种皮的木栓化而影响品质，降低商品性。

② 影响单性结实的因素　主要有品种、栽培条件和植株生理状态。

a. 品种。单性结实的特性在遗传性上受单性结实基因的控制。单性结实现象在品种间存在差异，多数黄瓜

可以单性结实，但有些品种不经授粉化瓜多，经虫媒授粉后才能结瓜。一般设施栽培的耐寒、耐弱光品种和华南型品种单性结实力较强，而夏秋栽培的喜长日照的华北型品种单性结实力较弱。

b. 栽培条件。同一品种单性结实力的强弱，由于栽培时期和栽培条件的不同表现不一。在肥水充足、光照较强的条件下，开花时子房个体较大，黄瓜往往表现出较强的单性结实力。光照强度对单性结实力影响很大，在不足 2 万勒克斯的光照下，由于雌花发育不良而显示出较弱的单性结实力。

c. 植株生理状态。植株不同部位的单性结实能力也有差异，黄瓜植株下部节位雌花的单性结实能力相对较弱，雌花节位越高则单性结实能力越强。

为了扭转因品种的单性结实力强弱或者由于温度、光照不利而影响结瓜的局面，栽培上应采用单性结实力强的品种和用放蜂来改善授粉条件，以促使子房发育正常坐瓜。另外，还可以借助于生长调节剂类物质保瓜助长，例如开花时往花上喷萘乙酸，或喷赤霉素，都能起到很好的效果。

（3）黄瓜的苦味

黄瓜有时有苦味，这种苦味是葫芦素引起的。根据苦味出现的情况，可将黄瓜分作 3 类。第一类是营养器官有苦味且果实可能变苦；第二类是营养器官有苦味而

果实不苦，即使栽培条件不良也是如此；第三类是营养器官和果实均无苦味。

现代育种工作者已经利用无苦味的纯合基因育成不苦的黄瓜品种，并投入生产。黄瓜苦味有可能出现的事实则表明它是受制于两个因素的作用，即遗传性和环境条件。有些品种从未显现过苦味，无论在什么地方还是什么时间种植，都一样。而有的品种却表现得不稳定，不利的条件，例如过多施用氮肥、水分不足、低温、光照不足等，会使植株结出苦味黄瓜。但是出现苦味瓜的植株，有时并不是所有的瓜都苦，而是出现在某一节位或者某一时期，苦味的表现形式是复杂的。防止出现苦味的对策，先要选用无苦味的良种，同时在栽培管理上创造良好条件，排除不利因素的干扰。

（4）果实发育条件

就一般早熟品种而言，开花时瓜条的细胞数基本确定，开花后的生长主要表现为细胞的增大。瓜条的大小和形状都取决于细胞体积的膨大。光照充足，温度适宜，水肥供应能得到保障是黄瓜丰产的重要条件。在高二氧化碳浓度下，高温高湿可以加速瓜条的生长。如果植株生长旺盛，再加上水肥条件配合得当，开花后不久瓜条就能达到商品标准。如果植株衰老，遭受病虫害，或温、光、水、肥等条件不适宜，则瓜条生长缓慢，甚至形成大肚瓜、瘦肩瓜、尖嘴瓜、弯曲瓜等畸形瓜。

黄瓜果实发育的适温，一般白天为25～28℃，夜间为13～15℃，在设施栽培时，环境湿度高，温度也应适度提高。

果实收获后易失水萎蔫，鲜黄瓜的贮藏需有高湿低温的条件，空气相对湿度要保持在90%～95%，温度以12℃为好。温度高，黄瓜易变黄或腐烂；温度低，黄瓜易受冷害。黄瓜的耐贮性与品种特性、采收时的成熟度和瓜本身的病虫害等情况有关。

（5）产量形成

黄瓜的产品是嫩瓜，依照目前我国的消费水平和人们的消费心理，消费者对嫩瓜的长短、大小并无严格要求，不像对番茄那样，果实变红才能成为商品。这一特性是黄瓜优于其他果菜成为日光温室的主栽蔬菜的原因之一。

黄瓜产量形成最基本的条件是生长期间植株接受的光量及光能的利用率。接受的光量多，光能的利用率高，就能获得较高的产量。生产实践证明，黄瓜产量的形成，首先是形成大量的花，其次是生育期间植株健壮，营养生长和生殖生长平衡，叶面积指数合理，长期保持群体干物质产量的最佳状况。所以，培育有生产能力的适龄壮苗是产量形成的基础，控制合理的叶面积指数，控制最佳的环境条件，增加叶片数，延长功能叶寿命，是获得高产的关键。

与叶面积指数相关的栽培密度因栽培季节、栽培方

式的不同而有所区别，关键是看生育期间的日照时数和光照强度。设施栽培处在日照时数较少，光照强度较弱的季节，应适当减少株数。另外，叶面积大小与控制温湿度也有关系，设施黄瓜结果期以前控制水分，加强放风，增大昼夜温差，则植株节间短，叶片比较小，叶柄也短，因此可适当提高密度。

再者结果期营养物质不断向果实分配，应尽量缩短结果的间歇现象，才能获得稳产高产。另外，从子房细胞分裂开始，就必须有充足的氮、磷和碳水化合物的供应，使生长素生成量足够多，以减少化瓜率；在细胞肥大过程中，液泡中的糖和盐类以及其他可溶性固形物大量积累，果汁渗透压力大，吸水力强，应提高液胞中果汁的含量，使果实迅速肥大，才能达到高产的目的。

黄瓜本身是一种多花多果的植物，对人类来说，多花多果应该是一种优良的农业性状，但是这种性状和早产结合起来，就容易因养分供应不足引起落花和化瓜，造成养分浪费，或导致“坠秧”引起植株早衰等问题。因此，在设施黄瓜生产中，必须处理好营养生长和生殖生长的矛盾。

（六）种子

1. 形态

黄瓜种子小，长 5～10 毫米，黄白色或白色，扁平，长椭圆形（狭卵形），两端近急尖。

种子着生在胎座上。靠近果顶部的种子发育早、成熟快，靠近果柄的则较迟。长果形品种的瓜仅近果顶的1/3部分才有饱满的种子，其余大部分的种子都因授粉不良或发育不好而空瘪。而短果形品种，约一半以上的种子都能在瓜内发育成熟，因而种子量也多。按照胎座数目统计，一条瓜的种子应在500粒以上，而实际上并没有那么多，少的仅数十粒，一般多为100～200粒。影响种子数量的多少，除了品种类型的因素，还有授粉环境、植株生育状况、营养条件以及果实发育状况等因素。

2. 特性

（1）种子寿命

黄瓜种子的寿命一般为3～5年，隔年的种子反而比当年的新种子发芽更整齐，出苗更早，因此栽培时选择2～3年的种子最好。

（2）种子饱满度

黄瓜种子的千粒质量为23～42克，设施栽培条件下，每667米^{2}栽培面积的用种量一般为150克左右。

（3）种子成熟度

种子成熟度对发芽率有很大影响。由雌花授粉至种瓜采收需要35～40天，秋冬冷凉条件下还要长些，才能保证种子成熟。采收后的种瓜不宜立即掏籽，需在阴凉场所存放数日以期后熟。种瓜成熟度越差，后熟时间也

应越长。新采收的种子都有一段休眠期，所以新籽立即播种，往往出苗慢且不整齐。

（4）温度的影响

种子发芽的温度范围为15～40℃，最适温度为25～35℃。浸水膨胀后的种子可以经受－8℃的低温长达9天而不失去发芽力。发芽的种子还能耐较高的温度，有人将发芽种子在40～45℃温度下放置3～18小时，却有开花提前和产量提高的效果。干籽的耐热性更强，例如将干籽经50℃处理3天后，再置于80℃下处理1天，可以预防黄瓜病毒病。（有些黄瓜病害是通过种子传播的，例如危害很大的炭疽病、黑星病等，所以播种前应该进行种子消毒处理，包括用物理方法和化学方法，以防止病害传播。）

综上所述，可以单性结瓜，商品成熟度范围广，这些都是黄瓜对日光温室生产表现出的适应性。但黄瓜根系和枝系结构松散，组织纤弱，吸水吸肥和积累养分能力弱，这些又说明黄瓜对生产条件要求较高。因此，黄瓜产量高低有明显的条件性，条件适宜产量很高，反之则很低。

二、生理学特性

黄瓜的生理学特性，主要指生长发育周期的界定以及在各个时期内的主要生理活动。黄瓜的生育周期大致

分为发芽期、幼苗期、开花坐瓜期和结瓜期 4 个时期。黄瓜定植后，植株个体发育总的趋势是前期生长慢，中期生长快，后期又缓慢下来。

（一）发芽期

由种子萌动到第一真叶出现的一段时期，需 5～6 天。发芽期应给予较高的温湿度和充分的光照，出苗后要注意防止徒长。

（二）幼苗期

从第一真叶出现到具有真叶 4～5 片并定植的一段时期，约 30 天。幼苗期分化大量花芽，为黄瓜的前期产量奠定基础。此期营养生长与生殖生长并进，温度与水肥管理应本着促抑结合的原则来进行。

（三）开花坐瓜期

又称初花期，指从定植（具有真叶 4～5 片）到第一个瓜（根瓜）坐住的一段时期，时长约 25 天。在此期内，花芽继续分化，花数不断增加。栽培上，此期既要促使根系增强，又要扩大叶面积，确保花芽的数量和质量，并使之坐稳。

（四）结瓜期

又称结果期，指从第一个瓜坐住直至栽培结束的一

段较长的时期。此期长短与栽培目的、管理措施、技术水平密切相关，一般40～90天或更长。结瓜期的长短是产量高低的关键，因而应千方百计地延长结瓜期。此期由于不断结瓜，不断采收，对营养的消耗很大，所以一定要保持最适的叶面积指数，即3～4，群体要达到最高程度的干物质产量。

三、生态学特性

（一）温度

1. 三基点温度

黄瓜是喜温蔬菜，不耐低温，生育适温是18～32℃，生长三基点温度是：最低温12～15℃，最适温度22～27℃，最高30～32℃。当气温低于10℃时，黄瓜停止生长；5℃时，有些品种要发生冷害，黄瓜致死最低温度为−2～0℃，但未经抗寒锻炼过的幼苗在2～3℃时就可能出现冷害，致死最高气温是60℃，经5～6分钟组织枯死。在设施内，由于空气湿度高，二氧化碳浓度较高，植株容易保持体内的水分，因此黄瓜生长发育的最适温度和最高温度均比露地有所提高。例如，冬春茬黄瓜在结瓜盛期，晴朗的白天，一般适温的高限可掌握在30～40℃。在高二氧化碳含量和高湿条件下，黄瓜不仅表现

出较高的耐热能力，而且也表现出极好的丰产性。这是日光温室冬春茬黄瓜和冬茬黄瓜采取高温管理方法，以求取高产的重要根据。

2. 地温与气温

黄瓜喜温怕寒又怕高温。根系生长适温是20～30℃，低于20℃时，生理活性逐渐减弱；低于12℃时根系停止生长；高于30℃时呼吸旺盛，重者可引起根系枯萎。

当气温高于适温时，地温低些有利；气温低于适温时，地温高些可弥补气温的不足。秋冬茬黄瓜育苗时，正处在气温高、地温也高的时期，根系极易老化，一般发育不好，浇水可降低地温，又有利于促进具有旺盛生命力的次生根的发生。定植后还必须浇2～3次水，以降低地温诱发新根。后期地温经常降低到适温以下，导致根系生长停滞或发生沤根而引起植株凋枯。冬茬黄瓜常因根系忍受不了日光温室里的低地温条件而导致栽培失败。冬春茬黄瓜苗期常因地温低、土壤湿度大而引起寒根、沤根，出现生理性缺水等。但冬茬和冬春茬黄瓜进入四五月份，温室内气温尽管很高，但地温一直稳定在25℃左右，这对保证根系旺盛生命力和延长结瓜期大有好处。因此，应创造适宜的温度条件，根据温度条件和植株生长的需要酌情浇水。另外，中耕有利于土壤水分的保持和地温的提高。

（二）光照

1. 光长

黄瓜是日中性植物，日照时间长短均能结瓜，但延长光照时间可提高产量，反之产量降低。短日照虽有利于雄花的形成，但光照强度不足，比如室内光照较长时间只有外界光照强度的四分之一时，室温低，会导致茎叶生长细弱，植株徒长，产量低，同时会引起早衰并结出畸形瓜。

2. 光强

黄瓜的饱和光照强度为5万勒克斯，远远高于番茄，但实际上黄瓜对光能的利用率较低。温室栽培的光能利用率为1%～2%，而露地栽培仅为0.1%～0.6%。如果种植过密，光照就会受到影响，植株变得细弱，叶色浅，叶片薄，产量降低。温室黄瓜的产量总是按照前部、中部和后部，或中部、前部、后部的顺序依次降低，其主要原因就是接受光照的强弱不同，因此温室栽培时要确定合理的株行距并进行合理的植株调整操作。

另外，黄瓜有耐弱光的特性，这是一个很重要的农业性状，也是黄瓜能适应日光温室和进行周年生产的重要条件。

总之，长日照有利于光合作用，强光可以提高室温和光合强度，因此，长日照和强光照下黄瓜产量才高。

由于各茬黄瓜栽培时期不同，光照时间和强度不一样，所以产量也不一样，肥水管理上必须严格地按茬次和生育期所处光照条件来灵活掌握。

（三）湿度

1. 空气湿度

黄瓜植株要求较高的空气湿度，适宜空气相对湿度范围为80％～85％。

在已有的认识中，人们把空气湿度更多地看成是病害发生和蔓延的祸根，往往从防病的角度出发，有意识地把空气湿度控制在尽量低的水平。殊不知，这样做可能一时收到较好的防病效果，但若长期如此，就会严重影响黄瓜产量。况且在冬用型日光温室里，空气相对湿度大的问题是很难克服的，而喜湿又是黄瓜在自然进化过程中逐步形成的“天性”，因此在塑料大棚、日光温室生产中，必须对湿度有全面的认识，因势利导，变“害”为利。

2. 土壤湿度

黄瓜根系吸水力弱，叶片蒸腾强烈，因此比较难保持植株体内的水分平衡。一旦缺水，黄瓜的光合作用、生长发育以及其他生理生化活动都会受到影响，可见土壤湿度也是生产上一个很重要的问题。黄瓜喜湿怕涝，耐旱能力差，对水分的要求虽然因生育期、生长季节而

不同，但总的来看是喜湿怕涝又怕旱。黄瓜结瓜盛期要求土壤含水量达到田间最大持水量的85%～95%，永久萎蔫点（植物萎蔫时无法恢复正常状态时的水势）的土壤含水量明显比其他蔬菜高。因此，必须经常浇水才能保证黄瓜正常结瓜。但一次浇水量过大又会造成土壤板结和积水，反而影响到土壤的通气性。冬季时，土壤湿度大如果再加上低地温，又会引起沤根。所以，在塑料大棚、日光温室黄瓜生产中，浇水是一项较难把握的技术。

（四）营养

黄瓜喜肥，但吸肥能力弱，不耐矿质肥料。由于黄瓜植株生长快，而且长茎叶又与结瓜同时进行，一般在短期内就要形成大量的果实，必然要消耗掉土壤中大量的营养元素，所以黄瓜的用肥量比其他蔬菜要多很多。但黄瓜根系吸收养分的范围小，吸肥能力也差，生产上施肥量往往要比理论施用量大。可是，黄瓜根系能忍受的土壤溶液浓度又较低，施肥过多又会导致“烧根”。

基于上述特点，对黄瓜施肥，应以有机肥为主。只有大量施用有机肥，才能提高土壤的缓冲能力，在此基础上才能较多地施用速效化肥。追施化肥要少量多次，且要选用施入土壤中不至于使土壤肥料浓度急剧增高的化肥种类，而且还必须配合浇水。这样才能既满足黄瓜

对肥料的需求，又不至于发生浓度障碍。

值得注意的是，黄瓜对有机肥料有偏好，增施有机肥料对黄瓜增产有十分明显的效果。在黄瓜的生长过程中，追施化肥是必须的，但其肥效是随土壤中腐殖质的增加而提高的。不过必须注意，黄瓜根系，尤其是幼苗根系，对土壤肥料浓度是十分敏感的，不当的施肥会造成“烧根”，甚至死苗。应该按照黄瓜不同生育时期对营养物质的需要酌情施肥。

综上所述，黄瓜是一种对日照长度要求不严格的蔬菜，可全年进行生产，并有一定的耐荫性，增产潜力大。在较高二氧化碳浓度下，高湿、高温使其表现出极好的丰产性。在设施生产中，光照既是热量来源，又是光合作用的原动力，各项农业措施必须围绕改善光照条件这个中心来制定和实施，努力创造适宜的光、热、气、水、肥条件，使其达到最佳组合状态。还需针对日光温室的环境特点进行病害的综合防治，这样才能充分发挥出黄瓜的增产潜力，取得更高的经济效益。

第二部分

日光温室的设计与建造

一、日光温室设计的基本原理及参数

日光温室保温和采光性能的优劣决定着温室栽培的效果甚至成败。因此，温室设计要科学，建造要标准，但建材可因地制宜，以利降低造价。这里主要介绍日光温室设计中的几个关键参数。

（一）日光温室方位的确定

日光温室大致朝向都是坐北朝南，东西延长。建造时还要根据温室的不同用途，确定温室的具体方位，比如朝向偏东、偏西或正南。

华北平原南部，气候温和，通常采用南偏东5°～10°的方位角。温室每偏东1°，太阳光线与温室延长方向垂直的时间就能提前4分钟。由于蔬菜上午的光合作用比下午旺盛，所以采用偏东的朝向，有利于温室内的蔬菜早接受阳光，从而延长上午的光照时间，促进光合作用，提高光能利用率。

但在北方严寒地区，冬季早晨日出后的30～60分钟内，外界温度很低，此时不能立即揭开草苫等不透明覆盖物，偏东建造温室并不能达到早见阳光的预期目的。在这类地区，宜采用南偏西5°～10°的方位角，这样蔬菜上午的光合作用不会受到很大影响，而每天下午覆盖不透明覆盖物的时间可向后推迟 20 分钟以上，使温室在下午能接收更多的光能，积蓄热量，提高次日日出前温室内的最低温度，避免蔬菜受冻。尤其是对保温性较差的温室来讲，偏西建造是确保低温季节早晨温度不至过低的一项关键技术（图 2.1）。

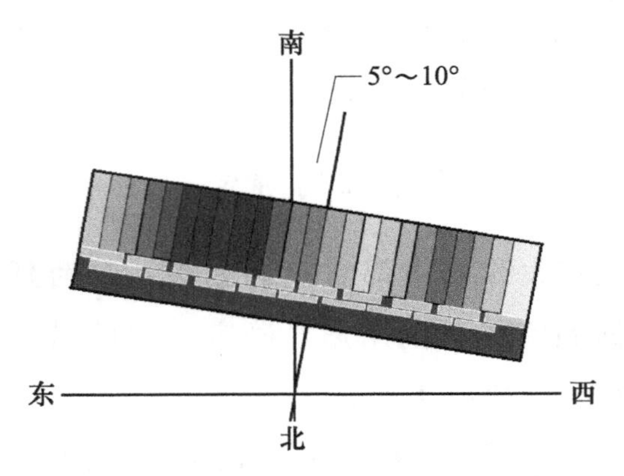

图 2.1　北方寒冷地区日光温室朝向示意图

（二）日光温室间隔间距的确定

温室间距指前后排温室之间的间隔距离。在设计温室间距时，至少要保证在中午太阳高度角最小的冬至那一天，后排温室不被前一排温室遮阴，也就是说，前排温室在冬至当天的阴影长度，就是最小的温室间距。

之后，还要在此基础上加长间距，使温室前至少在冬至中午，有一段距离的地面不被遮阴。这是因为，如果温室前始终有阴影，则阴影下的土壤温度低，会降低

后排温室内的土壤温度。此外，留出一定距离，还可保证中午前后较长一段时间后排温室不被遮阴。因此，计算时，要在前排温室阴影长度的基础上加上一个修正值 K（1～3 米），K 的具体大小可根据情况自定，K 值大，后排温室光照好，但土地利用率低，K 值小，土地利用率高，后排温室光照环境相对较差。具体搭建方法如图 2.2 所示。

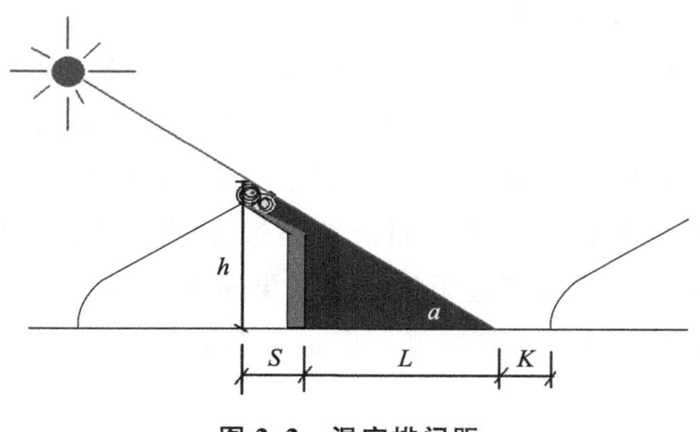

图 2.2　温室排间距

温室间距计算公式是：$L_{\circ}=L+K=h/\tan a-S+K$。

其中，$L_{\circ}$ 为温室间距；L 为冬至当天中午前排温室的阴影长度；h 为前排温室加草苫等不透明覆盖物后的温室最高点高度；$\tan a$ 为当地冬至正午太阳高度角的正切值；S 为温室最高点的地面投影到温室后墙外侧的距离。

（三）日光温室前屋面采光角的确定

屋面采光角是指前屋面圆弧某点的切线与地面的夹角，对拱圆形的前屋面来讲，各处的采光角都不一样，因此只能用主要位置的采光角或不同位置采光角的平均值来代表整个温室的采光角。很多文献认为，阳光入射角不应大于 40°，实际上这个角度还可以大些。一般认为，只要入射角不大于 40°～45°，都是可以接受的。依据这个原则，温室的前屋面采光角在 18°～23°以上即可（图 2.3）。一般的温室，即使是前屋面的后部，其采光角度一般也能达到 18°以上。目前生产上存在的问题，不是不强调前屋面采光角，而恰恰是过分强调了这一角度，导致前屋面的前部过于低矮，结果压缩了温室内的栽培空间，虽然采光性能略好，但是得不偿失。

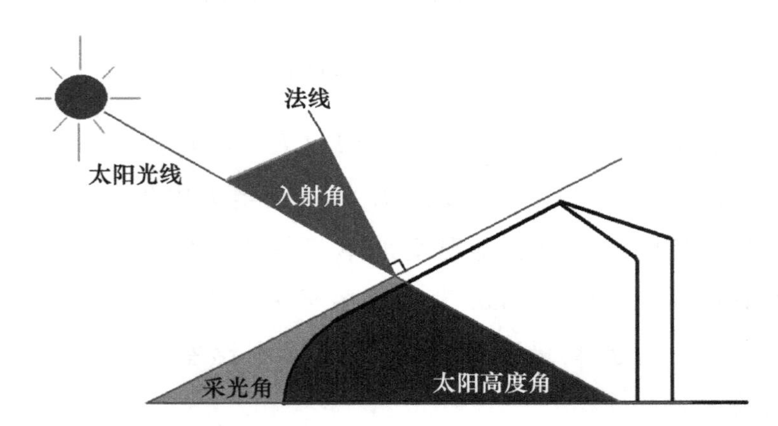

图 2.3　温室前屋面采光角与入射角、太阳高度角的关系

（四）日光温室断面形状及前屋面角的确定

日光温室断面的形状及尺寸标注如图 2.4 所示。日光温室跨度 L、后墙高 h、后坡仰角 α、总高度 H、前屋面角度 α_0 是决定日光温室结构的主要参数。

前屋面角是指从温室前后屋面的交点到温室前沿接地点的连线，与温室地面的夹角。对前屋面角度 α_0 的研究表明，温室采光总量的多少与采光屋面形状基本没有关系，前屋面的形状只是影响温室所获得光能在时间和空间上分布的均一性。进入温室的总的光能量是由前屋面最高点到前屋面着地点处的直线与水平地面夹角 α_0 来决定。

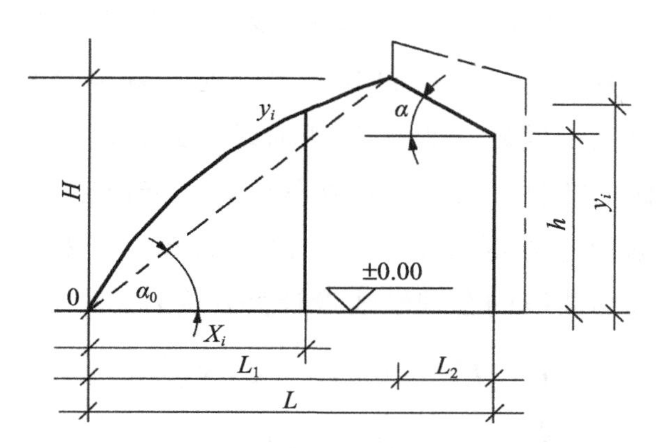

图 2.4　日光温室断面尺寸图

由于不同地区接收的太阳辐射能不同，经理论推导，得出了北纬 33°～43°地区前屋面角度 α_0 的优化值

（表 2.1）。不同地理纬度的地区在设计日光温室时，先要查出适宜的前屋面角度，这个角度应该宁大勿小。

表 2.1　屋面角度 α_0 优化值

纬度 ϕ	30°	34°	35°	36°	37°	38°	39°	40°	41°	42°	43°
前屋面角 α_0	23.5°	24.0°	25.0°	26.0°	27.0°	28.0°	29.0°	29.5°	30°	31°	32.0°

确定前屋面角度后，设计棚面形状。虽然棚面形状与温室总体的采光量多少几乎没有关系，但从前屋面的牢固性出发，棚面薄膜的摔打现象（“风鼓膜”现象）却与棚面弧度有关。棚面摔打现象是由棚内外空气气压不等造成的。当温室外风速大时，空气压强（静压）减小，温室内空气产生举力，薄膜向外鼓起；但在风速变化的瞬间，由于压膜线的拉力，棚膜又返回棚架。如此一来，棚膜被反复摔打，当压膜线不牢固时，就很容易破坏薄膜。针对这一问题，根据合理轴线公式，就能设计出光效高、棚面摔打轻又方便操作的优化日光温室。

根据理论分析可知，对于跨度为 5.5 米和 6.0 米的温室，棚面曲线的合理轴线设计公式为：

$$Y_i = [H/(L_1 + 0.25)^2] \times (X_i + 0.25) \times [2(L_1 + 0.25) - (X_i + 0.25)]$$

式中　Y_i——棚面对应于 X_i 的弧线点高；

X_i——距温室南端的水平距离；

L_1——日光温室棚膜在水平方向上的投影宽度。

对跨度为6.5米和8.0米的温室，用下述公式计算：

$$Y_i = [H/(L_1 + 0.30)^2] \times (X_i + 0.30) \times [2(L_1 + 0.30) - (X_i + 0.30)]$$

下面，笔者举例说明。以北纬41°地区为例，设预建日光温室跨度L为7米（如果是河北、山东地区，跨度可以增大），后墙高度h为2米，优化α_0为30°，如选取α为35°，经弧线公式计算，其结果如表2.2所示。

表2.2　北纬41°地区7米跨度后墙高2米的日光温室弧线点高度

单位：米

X_i	0.5	1.0	2.0	3.0	4.0	5.0	5.43
Y_i	0.85	1.29	2.02	2.57	2.93	3.10	3.12

（五）前后屋面地面投影比的确定

前后屋面的地面投影比是指温室前屋面、后屋面相接处在地面上的投影至温室前沿的距离，与该点至温室后墙内侧的距离之比（图2.5）。前屋面的主要作用是采光，前屋面面积大的温室采光好，晴天升温迅速，但这样的温室保温性能差，在严冬季节难以生产喜温蔬菜。后屋面的主要作用是贮热和保温，后屋面面积大，虽然温室内栽培用的土地利用率较低，但温室保温能力强，在严冬季节可生产喜温蔬菜，在冬季连阴天时其优越性会得到充分的发挥。地面投影比间接地反映了前后屋面的相对面积大小，因此通过前后屋面的地面投影比可以估测出温室采光和保温性能。种植者可根据当地地理纬度和栽培茬次确定投影比（表 2.3）。

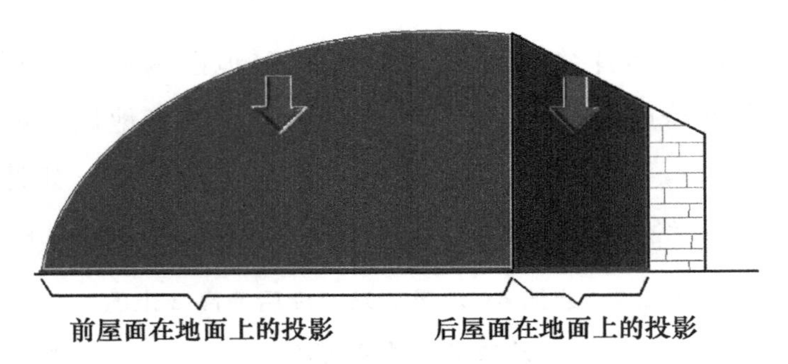

图 2.5　前后屋面地面投影比示意图

表 2.3　不同地理纬度和茬次的投影比

茬次＼纬度	北纬 38°	北纬 39°	北纬 40°	北纬 41°
秋冬茬或冬春茬	8∶1	7∶1	6∶1	5∶1
越冬茬	7∶1	6∶1	5∶1	4∶1

一些前屋面很长的温室，虽然栽培面积大，但保温性能差，生产受到季节限制，蔬菜易遭受冻害。改造时，在不改动后屋面和后墙的前提下，可将温室前屋面缩短。

（六）检验温室光温性能的综合结构参数

温室的综合结构参数是指温室前屋面的地面投影、

高度、后屋面地面投影三者之比。这一参数将温室的采光和保温性能有机地结合起来，前屋面与高度的比例，反映了温室的前屋面采光角度；前、后屋面地面投影比，如前所述，反映了温室的保温性能。确定了综合结构参数，温室的基本形状也就确定了（图 2.6 和表 2.4）。

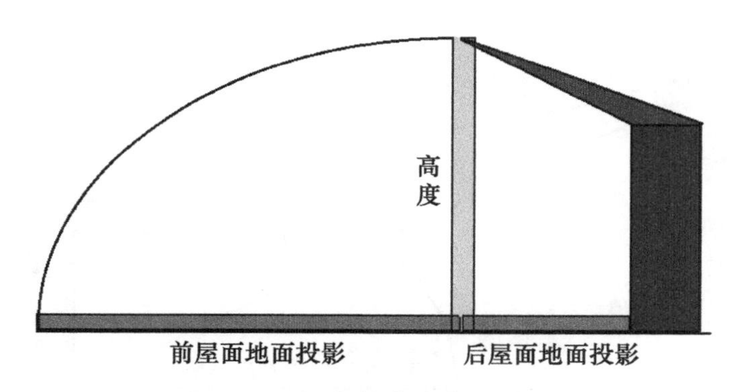

图 2.6　温室综合参数示意图

表 2.4　不同纬度地区的综合结构参数

地理纬度	北纬 38°	北纬 39°	北纬 40°	北纬 41°
综合结构参数	7∶3∶1	6∶2.8∶1	5∶2.4∶1	4∶2∶1

（七）后屋面的长度和仰角

后屋面对温室保温至关重要，其主要作用就是保温，某些结构的后屋面还起着积蓄热量的作用，白天吸收光能，夜间放热。经验表明，后屋面内侧长度应在 1.5 米以上，如果短于 1 米，则温室整体的保温面积缩小，温室冬季最低温度很可能会低于 5℃的极限，不能保证喜温蔬菜越冬。

设计后屋面的仰角时，要保证阳光能在任何时段，照射到温室后屋面内侧及后墙上，至少不能让后墙内侧上部形成后屋面的阴影。一般认为，后屋面仰角应在38°～45°，且在这一范围内越大越好（图 2.7）。

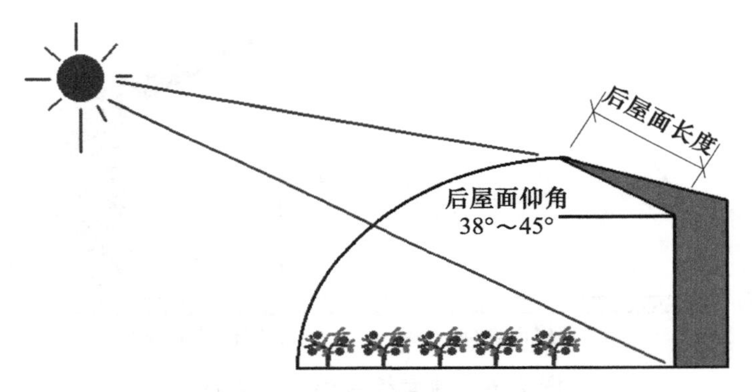

图 2.7　后屋面仰角示意图

二、日光温室建造实例

介绍一种用于北纬 39°，大致与北京同纬度地区的日光温室，分项说明设计思路，供读者借鉴。

（一）关于跨度与高度

现在有一个趋势，种植者为了提高土地利用率，将日光温室的跨度变得越来越大。在河北、山东等省，30 年前，温室的跨度一般为 6～7 米，20 年前，跨度为

8 米左右，10 年前为 9～10 米，而现在，通常都是 10 米。在山东某些地方，甚至出现了跨度 20 米的日光温室。笔者认为，日光温室的适宜跨度 9～10 米是比较合适的，在这个范围内，南部地区可以取高限，北部地区应该取低限。这是因为，日光温室的跨度直接影响保温性，温室太宽，保温性降低，尤其是在特殊年份、极寒天气，很容易遭受冷害；另外，温室太宽，温室内位于南部的区域温度很低，蔬菜生长会受到严重影响，与北部区域的蔬菜形成明显差距，由于低温影响，温室建得再宽也没有意义。

关于温室的高度，虽然温室越高，前屋面采光的角度越好，而且后墙也相应提高，增大了墙体储热空间，但温室增高，无形中也增大了温室内整体空间，需要升温的空气量增多，需要消耗的热量同样增多。因此，温室并不是越高越好。笔者认为，从温室内部测量，温室的高度为 4.2～4.5 米是比较适宜的，有人把温室建到 6～7 米高，并不能改善温室内的温光环境，因此是不建议这样做的。

又高又宽的温室，虽然提高了土地利用率，看起来也十分壮观，但在低温环境下表现出的抗逆性却很差，尤其经不起超低温、连续低温、阴天、大雪、大风等恶劣气候，而且安全性也会大幅度降低。另外，为了弥补保温性的不足，还要增加大量辅助设施，这无形中又增

加了成本。因此，笔者认为，不能盲目追求温室的大、高、宽，高大并不就是先进，采光好、保温好才是关键。

（二）关于温室的深度

之前，人们为了确保温室的温度性能，充分利用下层土壤温度稳定的特性，通常将日光温室设计为半地下式，温室内部地面通常要比温室外部地面低 50 厘米左右，某些地区的农民甚至建造了低于地面 80～100 厘米的半地下室温室。

这种温室虽然在生产中表现出了较好的温度性能，但是在某些雨水较多，甚至发生洪涝灾害的年份，温室内部会大量积水，很难排出，即使到了深秋，室内仍有积水，导致不能按茬口进行蔬菜栽培。比较典型的例子是，2018 年 8 月 19 日前后，山东省寿光市、青州市、昌乐县等地天降暴雨，引发洪涝灾害，对当地的蔬菜生产造成了巨大的影响，深度达到 80 厘米的半地下式温室积水严重，像游泳池一样，大水过后很长时间仍不能恢复生产。

全国多地经历了多次温室积水事件以后，人们逐渐认识到温室过深并不一定是好事。据此，笔者建议，在设计温室时，温室内部深度应该控制在 50 厘米以内，甚至可以与温室外部地面持平。这样的温室在夏季可以减少积水，是比较安全的。为了弥补由此导致的土壤温度

较低的问题，笔者建议，在温室周围，埋设厚5厘米、宽70厘米的聚苯乙烯泡沫塑料板，充当早年间温室防寒沟的作用，以此将温室内外土壤完全隔开；温室前沿建地梁，地梁高于地面20厘米，除了用于支撑拱架也能防止外界雨水流入温室；在温室周边，建造排水沟，夏季可及时排水。

（三）关于温室的墙体结构

在日光温室中，承担储热功能的结构主要有两处，一是温室内的土壤，二是墙体，尤其是后墙墙体。后墙对维持温室的温度环境起着至关重要的作用，这一点往往被人们忽视。

其实，温室墙体有两个作用，储热和保温。在日光温室建造过程中，人们往往注意到墙体的保温作用，但忽视了墙体的储热功能，有人甚至认为后墙的主要作用就是保温，实际上保温和储热是两个概念。储热，就是白天阳光进入温室后，照射到墙体上，尤其是后墙上，引发升温，墙体把由阳光转化来的热量储存起来，到了夜间，墙体又把热量散发出来，加热温室内的空气，保证日光温室夜间有足够高的温度。而保温，是依靠墙体自身的材料和结构，阻止热量散发到温室外，尽量减少热量损失。在进行温室墙体结构设计和选择建造材料的时候，一定要同时考虑到墙体的这两种功能。

为了充分发挥墙体的储热功能，建造者要从材料入手，选择最适宜储存热量的材料，比如土壤。但是，目前随着经济的发展，人们有条件将更多的资金投入到温室建设中，过去用土夯筑和堆砌而成的土墙在逐渐减少。为了延长温室的使用寿命，有些地区的人们更倾向于使用寿命更长的砖墙。但是砖墙有一个大的缺点，那就是它的储热效果不如土墙，而土墙同样有一个大缺点，那就是耐久性不如砖墙。

视频 4

砖土复合墙体

为了取长补短，笔者建议最好使用砖土复合墙体，发挥砖墙的坚固性和土墙的储热能力。复合墙体内外为砖墙，中间填土，用砖墙承托温室拱架，确保安全、坚固，两层砖墙之间夯土填实，用来储存热量，这样就两全其美了。当然，在建造的过程中一定要注意细节。比如，土墙如果进水很容易膨胀，导致砖墙外鼓，在建造的时候，应用塑料薄膜把土包起来；填土时，要一层一层夯实，用含水量比较低的土壤；两层砖墙之间要加拉筋和拉手砖，保证两层墙连成一体；在后墙外还可以再堆土砌墙，防止后墙外倾。

从保温的角度讲，为了提高保温效果，可以在墙体的外面或者是土层的外面加一层聚苯乙烯泡沫塑料板，这种材质有很好的隔热效果，有助于温室保温。通过聚苯乙烯泡沫板进行保温，夯土夹层进行储热，砖墙确保

坚固，复合墙体就具备了其他墙体所不能具备的优点。

另外，还需要强调一点，在建造墙的时候，墙基也十分重要。由于近年多次发生过由于洪水浸泡导致墙体尤其是土墙坍塌的事件，为了保证墙体的安全性，建议使用毛石砌筑墙基。

（四）关于温室的拱架

之前，建造日光温室多采用造价低廉的竹木结构拱架，当前多采用各种钢材质拱架。这种拱架一般不使用或很少使用立柱，便于机械化操作，而且坚固耐用遮光少。比较常见的是钢筋或钢管焊接成双弦拱架，使用钢筋时，一般要采用直径 10～12 毫米的钢筋；使用钢管时，上弦应使用 6 分钢管（内径 19.05 毫米），下弦可以使用直径 10～12 毫米钢筋或 4 分钢管（内径 12.7 毫米）。两弦之间可以采用“工”字形支撑形式，这样比“A”字形支撑形式省料；处于后屋面部位的拱架则应采用“A”字形支撑形式，以此保证拱架的坚固性。另外，也可以使用方钢管、槽钢建造拱架。

在拱架最高位置的下方，应加横梁。因为该处放置保温被，称重最多，加横梁可以确保坚固。

温室上共有 5～6 道拉筋，将拱架连成一体，保证拱架在风、雪、雨等恶劣天气不致左右倾倒。拉筋焊接在拱架的下弦之上，为确保坚固，还需在侧面呈三角形焊接一段钢筋支撑。

（五）关于卷帘机及保温被

安装温室卷帘机可大大降低劳动强度，但温室的前、后屋面一定要坚固，要求足以承受卷帘机、传动杆以及草苫的重量。

常用的卷帘机有两种，一种为前屈伸臂式卷帘机。这种卷帘机属于棚面自走式机械，安装起来比较简单，但由于卷帘机组随草苫等不透明覆盖物移动，因而要求前屋面要有足够的承重能力。种植者可直接购买这类卷帘机，也可自己购买电动机、减速机、钢管等自行焊接、制造，以降低成本。

视频5　卷帘机

另一种为侧墙伸缩臂式卷帘机。这种卷帘机结构简单，价格低廉，安装在温室侧墙外。长度50米以内的温室，可以只在温室一侧安装一台，另一侧无须安装。使用前机体内要注入机油，以后每年要更换一次。在安装或使用过程中，应经常检查主机及各连接处螺丝是否有松动、焊接处是否出现断裂开焊等问题。在卷帘机向上卷至距离温室顶部30厘米时，必须停机。如出现刹车失灵应速将倒顺开关置于倒（逆）方向，使卷帘机正常放下后检修。在控制开关附近，必须再接上一个刀闸。注意电动机及

倒顺开关防水、防漏电，经常查看电缆，以防短路。卷放过程中，严禁温室前站人，并远离主机和卷动的保温毡、保温被。如有走偏现象应及时调整。

建议使用带有防水膜的保温被，或在保温被上盖薄膜，以免保温被受雨雪淋湿后造成卷帘机超负荷工作而损坏。

（六）关于塑料薄膜

建议使用透光率较大的聚氯乙烯塑料薄膜。对于温室塑料薄膜，不能光贪图便宜。薄膜好，透光率高，黄瓜才能有产量。生产中通常用三幅膜覆盖，温室上下留两道放风口。用卡簧、卡槽固定薄膜。用电动或手动卷膜机开闭薄膜，以提高工作效率。

视频 6

卡簧和卡槽

视频 7

卷膜器

第三部分

日光温室越冬茬黄瓜栽培技术

一、品种选择

1. 津绿 30 号

由天津科润黄瓜研究所培育。该品种耐低温、耐弱光能力极强，可以在温室内温度 6℃时正常生长发育，短时 0℃低温不会造成植株死亡。在连续阴雨 10 天、平均光照强度不足 6 000 勒克斯时，仍能够收获果实，因此是日光温室越冬栽培和冬春茬栽培的优良品种。该品种早熟性、丰产性好，早期产量较高，尤其是越冬日光温室栽培时，在春节前后的严寒季节能够获得较高的产量和效益。瓜码密，雌花节率 40%以上，化瓜率低，连续结瓜能力强，有的节位可以同时或顺序结 2～3 条瓜，比津春 3 号、津优 3 号总产量高 30%以上。瓜条长 35 厘米左右，瓜把较短（在 5 厘米以内）。即使在严寒的冬季，瓜条长度也可达 25 厘米左右。瓜条刺密，瓜瘤明显，便于长途运输。畸形瓜少，有光泽，质脆、味甜、品质优。抗病能力较强，高抗枯萎病、抗霜霉病、白粉病和角斑病。

2. 津优 31 号

由天津科润黄瓜研究所培育。植株生长势强，茎秆粗壮，叶片中等，以主蔓结瓜为主，瓜码密，回头瓜多，对黄瓜霜霉病、白粉病、枯萎病、黑星病具有较强的抵抗能力。该品种耐低温弱光能力强，在连续多日 8～9℃

低温环境中仍能正常发育。瓜条顺直，长棒形，长约33厘米，深绿色，有光泽，瓜把短，刺瘤明显，单瓜质量约180克，心腔小，质脆，味甜，商品性状好。生长期长，不早衰，是越冬温室栽培的理想品种，每年11月下旬开始采摘，直至翌年5月下旬，每667米^{2}产量可达10 000千克。

3. 津优33号

由天津市农业科学院黄瓜研究所培育，适宜日光温室越冬栽培。植株长势强，叶片中等大小，深绿色，主蔓结瓜为主，耐低温弱光，瓜条生长速度快，坐瓜率高；抗黄瓜霜霉病、白粉病、枯萎病。瓜条长30厘米左右，瓜把短，刺瘤密，瓜条深绿色，有光泽，口感脆嫩，单瓜质量180克左右，每667米^{2}产量6 000千克以上。华北地区日光温室越冬茬栽培一般在9月下旬播种，采用营养方催芽育苗，苗龄28～35天。采用高畦栽培，定植前施足基肥，每667米^{2}保苗3 500株左右。

4. 津优36号

由天津市农业科学院黄瓜研究所培育，适宜日光温室越冬茬和早春茬栽培。植株生长势强，叶片大主蔓结瓜为主，瓜码密，回头瓜多，单性结实能力强，瓜条生长速度快。早熟，抗霜霉病、白粉病、枯萎病，耐低温弱光。瓜条顺直，皮色深绿、有光泽，瓜把短，心腔小，刺密、浅棱、瘤中等，腰瓜长32厘米左右，畸型瓜率

低，单瓜质量 200 克左右，质脆味甜，品质好，商品性佳。生长期长，不易早衰中后期产量高，越冬栽培每 667 米^2 产量可达 10 000 千克以上。越冬茬栽培播种适期为 10 月上中旬；早春栽培播种适期 12 月上中旬。苗龄三叶一心时定植，生产上可采用嫁接栽培技术，每 667 米^2 保苗 3 400 株为宜。

5. 东农 804

由东北农业大学培育。植株生长势强，叶片深绿色，茎秆粗壮，分枝少，主蔓结瓜，节成性好，第七至八节以上每节有瓜。抗病性强，高抗细菌性角斑病和枯萎病，抗霜霉病、白粉病。瓜长 22～24 厘米，瓜粗 3 厘米左右，单瓜质量 150～180 克，标准瓜率大于 85%。果实深绿色，有光泽，瓜腔小于瓜横径 1/2。2007 年经东北农业大学蔬菜品质中心测定，东农 804 维生素 C 含量 140.2 毫克/千克，含水量 96.15%，可溶性固形物含量 4.83%。每 667 米^2 产量 3 800～4 300 千克，适宜在华北、东北地区春秋保护地栽培。

二、育苗

（一）育苗时期

越冬茬又称作“冬茬”或“秋冬春一大茬”，每年栽

培一茬，华北地区于9月下旬播种，10月初嫁接，10月底定植，一直采收到翌年6月中下旬，拉秧后可养地，也可播种一茬玉米、花椰菜等，然后进入下一轮栽培。

（二）配制营养土

用大田土、充分腐熟的有机肥、少量化肥以及杀菌剂配制营养土。从小麦、玉米田取土，要求土壤肥沃、无病虫害，大田土所占份额为60％～70％。如果从菜地取土，则以大葱、大蒜地为好，这类土壤中侵染黄瓜的镰刀菌、丝核菌都比较少。营养土中有机肥所占份额为30％～40％，以堆肥、厩肥为好。需要注意的是，有机肥必须在育苗前5个月进行沤制，充分腐熟后才能使用，在沤制过程中必须多次进行翻动，忌用生粪。配制营养土前，大田土和有机肥要先过筛。

为提高营养土肥力，每立方米营养土可加氮磷钾(15∶15∶15)复合肥2千克，为杀灭营养土中可能存在的病菌，每立方米营养土中还应掺入50％多菌灵可湿性粉剂80～100克。如果有条件，每立方米营养土中再掺入10千克草炭，以提高营养土养分含量，改善营养土理化性质，育苗效果会更好。确定了各种添加物的用量后，将各成分充分混合，然后倒堆两遍，确保混匀。

（三）装钵

不论是新购买的营养钵，还是曾经用过的营养钵，

使用前都要进行一次清选，剔除钵沿开裂或残破者，否则，浇水后水分会从残破的钵沿流出，不易控制浇水量。向钵内装营养土时，注意不要装满，营养土要距离钵沿2～3厘米，以便将来浇水时能贮存一定水分。装钵后，将营养钵整齐地摆放在苗床内，相互挨紧，钵与钵之间不要留空隙，以防营养钵下面的土壤失水，从而导致钵内土壤失水。在苗床中间每隔一段距离留出一小块空地，摆放两块砖，这样播种时可以落脚，方便操作。

（四）种子处理

黄瓜的用种量为每667米^{2}栽培田200克。播种前应进行种子消毒，这是因为多种病菌都会通过种子传播。

种子消毒最简单易行的方法是温汤浸种。操作时把两份开水和一份凉水混合，兑成约55℃的温水。将种子放入其中，不断搅拌。在搅拌过程中观测水温，水温下降后要不断加热维持温度，这样附着在种子表面的病菌基本会被烫死。10分钟后，倒入凉水，将温度降至30℃左右，再浸泡3小时，这一阶段是以吸水为目的的常规浸种，使种子吸足水分。浸种时间为3小时，如果短于3小时，种子吸水不足；如果长于3小时，则种子内含物会外流，从而降低种子发芽势。

浸种完毕后，将种子捞出，用毛巾、纱布等持水能力较强的布包好，置于30℃左右的温度下催芽。当种子露出胚根，即“露白”后，即可播种。有些农民习惯于种子的胚根长至1厘米左右时再播种，并形象地称这种播种方式为“插芽”。实践证明，对越冬茬或冬春茬黄瓜来讲，这种“催大芽”的方式出苗快，沤籽轻，效果好。

（五）接穗（黄瓜）播种

华北地区，日光温室越冬茬黄瓜是在9月下旬育苗，当时的温度较高，因而苗床上不需要采取特别的增温保温措施，可以直接用温室内的栽培畦作苗床。

育苗场地的面积通常为栽培面积的1/6，每隔1个栽培畦作1个苗床，先将苗床地面整平，然后摆放装好营养土的营养钵。中间空余的栽培畦，将来嫁接时可以作为操作场地，嫁接后营养钵间距加大，空出的栽培畦用于摆放嫁接苗，可以避免较长距离运苗。

为保证育苗期间充足的水分供应，减少幼苗生长期间的浇水量，在播种前要浇足底水。播种前一天，从营养钵上面逐钵浇水，浇水量要均匀一致，这样可保证出苗和幼苗生长整齐一致。为提高效率，也可用喷壶喷水，但要尽量做到均匀，水量掌握在有水从营养钵底孔流出为宜。第二天上午再喷1次小水，确保营养土充分吸水，然后才能播种。

播种方法是，操作者右手拿1根筷子，在营养钵表面一侧斜插1个孔，左手拿1粒种子，胚根朝下，把胚

根插入孔中，种子平放，然后用筷子轻轻拨一下营养土，让插孔弥合，农民称这一播种方法为“插芽”。之所以把黄瓜种子播在营养钵一侧而不是播在中间位置，目的是将中央位置预留出来，几天后播南瓜砧木种子，将来同一个营养钵中的南瓜砧木和黄瓜接穗进行靠接。与传统的靠接方法相比，这种把砧木和接穗播种在同一营养钵中的嫁接育苗方法，简化了嫁接育苗步骤，嫁接后不用再移栽，提高了成活率，节约了育苗空间。

另外，应随播种随覆土。用手抓一把潮湿的营养土，放到种子上，形成2～3厘米高的圆土堆。覆土厚度要尽量一致，否则出苗速度不一致，幼苗高矮不齐。

（六）接穗苗管理

黄瓜种子的发芽适温为30℃，营养土温度应维持在15℃以上，否则很容易烂籽。在幼苗出土前可使育苗温室内的温度中午时，维持在35℃左右，这样使土壤保持较高的温度，以加快出苗速度。9月底，外界气温尚高，达到黄瓜出苗所要求的温度是没有问题的，一般最多3天即可出齐。此时需要注意的是，温室空气湿度不能太低，否则容易出现“戴帽出土”的现象。

黄瓜幼苗出土后，下胚轴对温度十分敏感，处于高温高湿条件下，容易迅速伸长，形成徒长苗。所以，幼苗基本出齐，就要适当通风，降低温度和湿度。一般白天温度应控制在25～30℃，不宜过高；夜温一定要控制在15℃以下，最好12～13℃。

（七）砧木（南瓜）播种

黄瓜播种4～5天后，再播种南瓜，计算好南瓜种子用量，通常每千克南瓜种子是4 000粒。在实践中，南瓜种子，尤其是云南黑籽南瓜种子的发芽率较低，通常只有40%，而且发芽整齐度差。为此，播种前可将种子晾晒1～2天，或在60℃下（如置于烘箱中）干热处理6小时以促进发芽，此法简单实用。目前，多采用白籽南瓜作砧木。按处理黄瓜种子的方法进行温汤浸种和催芽，南瓜种子长出1厘米长的胚根时播种。

播种前先向营养钵中喷水，水要浇透，保证南瓜种子出苗期间有充足的水分供应。南瓜的播种方法和黄瓜的一样，只是播种位置在营养钵正中央。具体操作是，用筷子在营养钵接近中央位置插孔，将南瓜种子胚根插入孔中，种子平放，然后用筷子将泥土弥合。最后，在南瓜种子上覆盖潮湿的营养土，形成一个小土堆，覆土量要尽量一致。

（八）嫁接

嫁接前不需要浇水、施肥，只需控制好温度。当黄瓜第一片真叶半展开，叶宽2～3厘米，南瓜在播种后7～

10 天，子叶完全展开，能看见真叶时，即可实施靠接。

为防止嫁接苗萎蔫，促进嫁接苗成活，应在嫁接操作地块的温室前屋面上覆盖黑色遮阳网遮光。嫁接者通常坐在矮凳上操作，前面放 1 个约 60 厘米高的凳子作为操作台。未嫁接时，营养钵隔一畦摆放一畦，嫁接后间距拉大，摆满各畦。

嫁接时，将营养钵摆放到操作台上，先用刀片切去南瓜的生长点，再在南瓜幼苗子叶节下 1 厘米处用刀片以 35°～40°角向下斜切一刀，刀片与两片子叶连线平行，深度为茎粗的 1/3～1/2。然后，在黄瓜幼苗的子叶节下 1.2～1.5 厘米处以 35°～40°角向上斜切一刀，深度为茎粗的 2/5～3/5，把砧木和接穗的刀口互相嵌合。用嫁接夹从黄瓜一侧固定，此时南瓜与黄瓜的子叶呈“十”字形。下刀及嫁接速度要快，刀口要干净，接口处不能进水。

需要注意的是，黄瓜幼苗的下胚轴对光照和温度比南瓜更敏感。在高温和充足的光照环境下，下胚轴往往比南瓜的要长些，嫁接的位置要以上部适宜为准，过长的黄瓜胚轴可以让其弯曲一些，不要为了追求嫁接苗的直立状态而降低黄瓜幼苗的切口位置，因为接口距离黄瓜真叶的距离过长会降低嫁接苗质量。

之后，需平整苗床。用铁锹切削畦埂内侧，然后用平耙耙平畦面。把嫁接苗按 15 厘米间距摆放到苗床上。

营养钵之间留出较大的空隙，是为嫁接苗的生长留出足够的空间，将来嫁接苗长大以后，就不用再拉大营养钵间距了。

然后，立即顺苗床浇水。这一水，可以让营养钵从底孔吸足水分，满足以后一段时期嫁接苗生长对水分的需求。同时，地面的水分蒸发后，能大大提高空气湿度，有利于嫁接苗成活。但浇水时不要让水溅到接口部位，否则很容易导致嫁接失败。

（九）靠接的接口深度问题

切口深度问题是一个很容易被人忽视的关键技术。采用靠接法进行嫁接，砧木切口的深度应该达到胚轴直径的 3/5 甚至更深些。如果切口很浅，接口面积小，虽然缓苗快，萎蔫时间短，容易成活，但断根后，接口部位较细，输导组织不发达，像瓶颈一样限制了土壤中水分肥料向茎叶果实的运输，也限制了光合产物向根系的运输，从而会严重抑制植株的生长，将来结瓜也会不同程度减少。而砧木、接穗的切口都比较深时，嫁接后幼苗成活缓慢，有些甚至会有死亡的危险，但一旦成活，由于接口接触面积大，输导组织发达，定植后植株生长健壮，抗性强，结果多，产量高。

（十）嫁接后的管理

嫁接后应注意遮光和保湿，这是嫁接苗成活与否的关

键。为此，前屋面应继续覆盖黑色遮阳网遮光，尽量减少通风，保持空气相对湿度在85%～95%。嫁接后2～3天，即可除去遮阳网。靠接10天后伤口即可完全愈合。

此时，黄瓜已经有两片真叶展开，第三片真叶显露，可以断根。操作者可手持半片刮脸刀片，蹲在苗床间的畦埂上操作，通常不用移动营养钵，把刀片伸向苗床操作即可。具体操作是，在嫁接苗的接口下方1厘米处用刀片将接穗黄瓜的下胚轴切断，然后在贴近营养土的位置再切一刀，把切下来的黄瓜下胚轴移走。如果不移走这一段胚轴，而只是切断，则切口还有愈合的可能，会丧失嫁接的意义。这就是靠接苗的“断根”。有些时候，在断根后，嫁接苗会出现轻度的萎蔫现象，但会很快恢复。如果人力充足，在断根前1天，最好用手把接穗下胚轴捏一下，破坏其维管束部分，这样黄瓜就有了一个适应过程，在断根后基本不用缓苗。

（十一）乙烯利处理

乙烯利是一种促进雌花分化的植物生长调节剂，当前很多黄瓜品种的节成性（黄瓜主蔓上雌花节位所占的比例）很强，不需要进行乙烯利处理，而且乙烯利处理有时会打破黄瓜自身营养生长和生殖生长的均衡性。但由于越冬茬黄瓜育苗时，外界气温偏高，不利于雌花的形成，因此对有些品种需要进行乙烯利处理，以利雌花形成。

具体操作是，从嫁接成活开始喷乙烯利，用 40%乙烯利水剂兑水配制成浓度为 100～150 毫克/升的溶液，兑水比例是：取 3.75 毫升的 40%乙烯利，加水 10～15 升，可喷 1.5 万～2 万株瓜苗。每展开 1 片真叶喷 1 次。喷后观察幼苗症状，视情况再喷 1～3 次。

喷药时要注意，喷到为止，不可多用。如果用药量过大或浓度偏高，次日即会出现药害症状。通常表现为：下部叶片向下卷曲、皱缩，呈降落伞状，上部叶片向上抱合、皱缩，不能展开；严重时会出现花打顶，形成大量雌花；再严重，幼苗生长会受到严重抑制，形成老化苗。还有两种极端的情况，如果将来幼苗雌花、雄花都不出现，则是由于喷施乙烯利的浓度太高；如果仍然出现大量雄花而没有雌花，则是由于乙烯利药剂失效造成的。

（十二）移动嫁接夹

随着嫁接苗的生长，无论是砧木南瓜，还是接穗黄瓜，胚轴都会逐渐变粗，而此时，嫁接夹就会抑制黄瓜胚轴的增粗。如果人力许可，应捏住嫁接夹，向下、向黄瓜幼苗一侧移动一下。否则黄瓜幼苗的生长会受到抑制，形成弱苗，个别情况还可能把黄瓜幼苗夹死。但不能过早移走嫁接夹，否则断根后的黄瓜幼苗容易从砧木上劈开。

三、定植

（一）整地做畦

1. 换土

如果经多年连作，黄瓜枯萎病呈逐年严重趋势或土壤线虫为害严重，又不能通过药剂对其进行有效抑制，可在定植前将温室内20厘米深的表层土壤挖出，运到温室外，施入大量腐熟的有机肥，改良土壤后定植黄瓜。

2. 整地施肥

清除前茬残枝败叶，如果与前茬行距一致，可保留前茬的畦埂或操作通道。由于栽培过程中追肥操作不便，所以要重施基肥。将腐熟的有机肥撒施在温室栽培畦表面，每667米^{2}施用5 000千克以上，同时施入硫酸钾20千克，三元复合肥50千克，然后翻地，将肥料混入土壤之中。

3. 起垄

将畦面耙平，先从栽培畦中间开沟，然后在此沟的两侧各开一条沟，堆成双高垄。小行距50厘米，大行距80厘米，垄高10厘米，垄宽30厘米，暗沟宽20厘米。在浇水的暗沟上悬吊一根铁丝，以防覆盖薄膜后，薄膜贴在沟底，阻碍水流。

4. 浇水找平

做好垄后，暗沟浇满水，水渗下后，根据暗沟浇水后留下的痕迹将两垄垄面整平。这样，能保证将来浇水均匀。然后覆盖地膜，准备定植。

视频 8
翻耕土地

视频 9
修整双高垄垄面

视频 10
双高垄浇水找平

（二）定植方法

定植时，找一段与栽培畦等长的线绳，其上用彩笔每隔 25 厘米染 1 个点，标示株距。沿双高垄走向拉直线绳，按标示出的间距，用竹棍在地膜上打眼，标示出打定植穴的位置。

视频 11
定植穴定位

然后，用与营养钵等粗的铁筒或打孔器，按 25 厘米的株距打定植穴，穴深 10 厘米。

之后栽苗，看一下定植穴深度，如果过深，取土填充一定深度，确保幼苗所带土坨表面与畦面平齐。将幼苗摆放在定植穴内，深度以苗坨和垄面相平为宜，过深或过浅都将延长缓苗时间。土坨周边，用土封严。

栽苗后按穴浇水，可随水浇施少量腐殖酸冲施肥。次日，通过滴灌管浇1次大水，水量一定要足。缓苗后，从田间取土，封严地膜孔洞。

视频12　打孔开穴　　视频13　定植　　视频14　浇定植水

四、田间管理

（一）环境调控

1. 温度

黄瓜是一种喜温蔬菜，原产于印度北部喜马拉雅山系地带，之后传入中国，在中国形成次生中心，起源地的自然环境特点为高温高湿。因此，进行设施栽培时，只有较好地模拟高温高湿环境，尽量采用高温管理方式才能达到高产和优质的栽培目的。

（1）缓苗期

温度管理的标准是，白天上午控制在28～32℃，没有有害气体不放风，不超过32℃不放风；下午22～24℃，当温度降低至20℃时或日落时分再放下保温被；

前半夜温度控制在 14～16℃，后半夜 11～13℃，最低不能低于 8℃。

（2）开花坐瓜期

温度管理的标准是夜间气温保持在 10℃以上，地温 12℃以上，白天的温度管理标准与缓苗期相同。

（3）结瓜前期

上午温度控制应在 28～30℃，达到 32℃时开始扒开放风口，如果空气湿度较高，气温还可以更高些，可以达到 35℃再放风；下午适时关闭放风口，温度通常控制在 20～22℃，当温度降至 20℃时放下保温被，不能等到日落时再放保温被；前半夜温度控制在 15～18℃，后半夜 11～13℃，清晨最低温度不应低于 8℃。

（4）结瓜后期

每年 4 月底通常会有一场“倒春寒”，过了 5 月 1 日以后，天气才开始真正转暖，此时外界气温已经很高，可以不再覆盖保温被，要逐渐进行温室大通风，顶部通风口早揭晚闭。进入 6 月，要进行上下风口同时打开的大通风。6 月下旬拉秧。

2. 光照

低温往往与弱光相伴随，千方百计提高薄膜的透光性是改善温室光照环境的有效措施。

首先，要选用透光性能良好的聚氯乙烯薄膜，不能使用低质量薄膜，否则会得不偿失。低质量薄膜覆盖的

温室容易起雾，薄膜内侧的水滴不能形成水流，不能顺温室前屋面坡度流入温室前沿的土壤中，而是直接滴落到黄瓜叶片，引发霜霉病等病害。由薄膜引发的病害即使大量喷药也很难控制，因为病因难以消除。对这样的温室，如果仔细观察，可以看到生长于温室后部即后屋面下方的植株反而得病轻，甚至无病，这是因为这部分植株不被水滴危害。另外，栽培黄瓜的温室薄膜要一年一换，甚至一茬一换，换下的薄膜可以覆盖大棚、中棚韭菜或其他叶菜类蔬菜，否则经多年使用的薄膜透光性变差，会严重影响黄瓜产量。

其次，虽然聚氯乙烯薄膜透光性能良好，但容易吸附尘埃，尤其对建在公路边、风沙区、工厂附近的温室，这一问题更为严重，要经常擦洗薄膜。

另外，为提高温室后部光照强度，可在温室后墙内侧悬挂铝箔反光膜，此法虽然能改善温室后部植株光照环境，但不利于后墙接收阳光贮存热量。因此，必须严格掌握悬挂反光膜的季节，应在外界环境气温升高以后再悬挂，如果严冬季节悬挂反光膜往往适得其反。

（二）浇水施肥

定植后 3 天，即可浇缓苗水。过去多在定植后 5～7 天才浇缓苗水，实践表明，5～7 天的间隔时间偏长了。浇缓苗水后到根瓜坐住之前为黄瓜定植后的蹲苗期，此

期间一般不浇水。在蹲苗期间，根瓜尚未坐住，有的种植者见土壤干旱，空气干燥，甚至叶片都有些萎蔫，就忍不住浇水。结果必然导致植株茎叶徒长，致使根瓜及植株中上部的瓜坐不住，即使坐住，瓜的增大也十分缓慢，这是因为大部分营养都集中供应茎叶了。

之后，直至根瓜长到 10 厘米长时，再浇 1 次水，此水称作“催瓜水”。此时浇水，水分、养分会大量供应果实生长，不会引发徒长。这一水，也是黄瓜植株从以营养生长为主，向营养生长与生殖生长并重的转折点。

黄瓜结瓜时期延续的时间长，为此，水分管理的原则是“控温不控水”。因为只有保证充足的水分供应才能有产量，不能因为怕黄瓜发生霜霉病等病害而过度控水。一般要根据黄瓜生长发育状态，并结合经验确定浇水时机，结瓜前期间隔时间长些，结瓜盛期间隔时间短些，通常每 5～7 天浇 1 遍水，有时甚至需要每隔 3 天就浇 1 次水。另外，浇水时间选择晴天上午，水量以浇满暗沟为宜。

每次浇水均随水施肥，如果浇水时间间隔较短，可每隔 1 次水施 1 次肥。施用磷酸二铵或三元复合肥，其中施用磷酸二铵的温室所结的黄瓜果皮颜色油亮，口感略甜，风味好。每 667 米^2 磷酸二铵的施肥量通常为 15 千克。

除传统的化学肥料外，种植者可以使用腐殖酸、氨

基酸、生物菌肥等冲施肥，使用方便，效果也好，不容易发生肥害。有些肥料中添加有微量元素、生长调节剂和杀菌剂，使冲施肥具有提高产量、改善品质、防病治病的效果。

由于大量结瓜，在栽培后期（6 月）容易出现生长衰弱现象。此时先不要急于拉秧，可随水冲施尿素或磷酸二铵，用量均为每 667 米^2 15 千克，植株可迅速恢复生长，继续结瓜，效果十分明显。

（三）植株调整

1. 吊蔓

温室越冬茬黄瓜通常不像露地黄瓜那样采用竹竿支架的架式，多采用吊架形式。在缓苗后的蹲苗期间应及时吊蔓，方法是在每条黄瓜栽培行的上方沿行向拉一道钢丝，钢丝不易生锈，而且有自然的螺旋，可以防止吊绳滑动。钢丝的南端可以直接绑在温室前屋面下的拉杆上。在温室北部后屋面下面，东西向拉一道 8 号铁丝，栽培畦上的钢丝北端绑在这道铁丝上。并选用胶丝绳作吊线，先将胶丝绳截成 2.5 米左右的长段。

在栽培行上方的铁丝上绑吊线（胶丝绳、尼龙线），每棵黄瓜对应一根。

吊线下端的固定方法有多种。实践表明，最好的方法是在贴近栽培行地面的位置沿行向再拉一道吊线，与栽培行等长。吊线两端绑在木橛上插入地下，每个吊线都绑在这条贴近地面的拉线上。另外一种固定方法是把吊线绑在黄瓜茎基部，此法略有危险，一旦田间操作不慎容易将黄瓜连根拔起，而且捆绑时要注意不能绑得太紧。也可将每根吊线的下端绑在一段小木棍上，然后将木棍插在定植穴内。还有一种固定方法更为简单，是用小木棍把吊线直接插入地下。如果使用塑料绑蔓夹，吊线下方无须固定。

绑吊线后，进行第一次吊蔓，使用塑料绑蔓夹（又称吊蔓夹），夹住黄瓜的茎和吊线，利用吊线的拉力让黄瓜幼小的植株保持直立。使用绑蔓夹操作十分方便，而且可以重复使用。

视频 15

切割吊线

视频 16

绑吊线

视频 17

首次吊蔓

2. 打杈、摘除雄花、去卷须、摘除老叶

（1）打杈

设施黄瓜多采用单干整枝的方法，利用主蔓结瓜，所有侧枝要全部摘除。只有在栽培后期，拉秧之前，才

可能利用下部侧枝结少量的“回头瓜”。

（2）摘除雄花

所有雄花无用，徒增养分消耗，应尽早清除。

（3）去卷须

在温室栽培环境下，植株没有必要利用卷须进行攀缘，保留卷须徒增养分消耗，应该掐去。需要注意的是，如果田间有感染病毒病的植株，应先对健康植株进行操作，然后再处理病株，以免将病株带毒汁液传到健康植株上。对带病植株进行操作后要用肥皂水洗手。

（4）摘除老叶

随着植株生长，下部叶片逐渐老化，且处于弱光环境下，光合能力降低，消耗量增加，成为植株的负担；老叶的存在还导致植株郁闭，田间通风透光性变差；同时，由于这部分老叶与土壤接近，而土壤又是多种病菌的寄存场所，老叶的存在容易引发病害。基于这些原因，要及时摘除老叶。摘叶时要从叶柄基部将老叶掐去，所留叶柄不宜过长，因为留下的叶柄容易成为病菌的寄居场所和侵染入口，增高发病概率。

3. 绕蔓与落蔓

绕蔓就是将黄瓜主蔓缠绕在尼龙吊线上。操作时应一手捏住吊线，一手抓住黄瓜主蔓，按顺时针方向缠绕。如果一个人管理一个温室，那么几乎每天都要绕蔓，几天不绕蔓，黄瓜“龙头”顶端生长点就会下垂。

视频 18

摘除侧枝和雄花

视频 19

摘除卷须

视频 20

上移绑蔓夹

使用塑料绑蔓夹时，在绕蔓之后，应将绑蔓夹上移至黄瓜植株顶部。

落蔓，又称盘蔓。黄瓜植株生长速度快，生长点很容易到达吊绳上端，为能连续结瓜，应在摘叶后落蔓。落蔓时，先将绑在植株基部的吊线解开，一手捏住黄瓜的茎蔓，另一只手从植株顶端位置向上拉吊线，因为吊线是松开的，很容易被拉起。此时让摘除了叶片的黄瓜植株下部茎蔓盘绕在地面上，然后再把吊线下端绑在原来的位置。这样，植株的生长点位置就降下来了，黄瓜又有了生长的空间。也就是说，要向上拉线，而不是向下拉蔓。

对于黄瓜落蔓到底落到什么程度，一直是困扰种植者的问题。经验表明，整个植株地上部分保留 16～17 片叶最为适宜。多于这一数量就应摘除植株下部老叶，然后落蔓。叶片过多植株郁闭，叶片过少则光合面积小不利于高产优质。有些种植者为减少落蔓的工作量，每次都摘落很多叶片，这是不可取的。

落蔓后，应将植株下部没有叶片的茎盘曲在地面上。对这一段茎也要进行保护，灰霉病、蔓枯病的病菌很容易从叶柄基部（节）的位置侵染，因此在喷药时同样也要喷。如果发现节部染病，可以用毛笔蘸浓药水涂抹。

（四）植物生长调节剂处理

1. 乙烯利喷施技术

喷施乙烯利是促进黄瓜植株形成大量雌花的重要手段，但这些雌花是否能坐瓜还要看水肥管理及环境因素。生产中，不提倡使用植物生长调节剂促进黄瓜形成大量雌花。因为植株坐瓜的数量取决于自身的能力，强行形成大量雌花往往会打破植株营养生长与生殖生长的平衡，不利于持续均衡结瓜。

越冬茬黄瓜生长前期，由于环境温度偏高，植株下部雌花很少，有时植株上只有大量雄花，而没有雌花或雌花很少。这种情况下可以喷乙烯利，但要注意掌握喷施时间和浓度。喷施浓度为 130～150 毫克/升，也可按每毫升 40%乙烯利水剂兑水 4～5 升计算。最多连喷两次，中间间隔 7 天。不同黄瓜品种对乙烯利浓度的反应有差异，种植者可逐年摸索对应栽培品种的乙烯利最适宜浓度，积累经验。乙烯利处理要选择晴天下午的 3 时 30 分后进行，把配制好的药液均匀喷在黄瓜叶片和生长点上，力求雾滴细微。

乙烯利用药量大、浓度高、间隔时间短时，会导致黄瓜植株上部各节出现大量簇生雌花。雌花过多且同时发育，会相互竞争养分，虽然雌花多，但能坐住的瓜有时反而更少。对此，要及时疏花，每节只保留一朵雌花（个别两朵），摘除其他所有雌花和雄花。可见，乙烯利用量偏大时，会增加疏花的劳动量。

另外，黄瓜喷施乙烯利后，雌花增多，节节有雌花。但要使幼瓜坐住并正常发育，必须加强肥水管理。每667 米^2 追施三元复合肥 30 千克。配合叶面喷肥，用0.2％磷酸二氢钾加 0.2％尿素混合液喷雾 2～3 次。

2. 提高坐瓜率的方法

喷乙烯利的作用是让植株出现大量雌花，但要让出现的雌花坐住，还需要采取很多措施，使用某些植物生长调节剂喷花或浸蘸瓜胎就是保证幼瓜坐住、连续刺激果实生长、防止化瓜的主要措施之一。常用的生长调节剂有植物细胞分裂素（如 6-BA）、赤霉素（GA）、油菜素内酯（BR）、对氯苯氧乙酸（CPA）、苯脲类细胞分裂素（如 CPPU）等。处理方法，一般是在黄瓜雌花开花后 1～2 天浸蘸瓜胎或喷花，CPPU 的处理浓度是 5～10 毫克/升，BR 的处理浓度是 0.01 毫克/升，CPA 浓度是 100 毫克/升。还可以按一定的配方进行植物生长调节剂的混合处理。例如，CPA 100 毫克/升＋GA 25 毫克/升。

在保证黄瓜坐住的同时，这类药剂还有一个作用，

就是能让黄瓜的花不开败、不脱落，即使到采收时花也能保持鲜嫩，让黄瓜获得“顶花带刺”的商品性状。有些公司针对生长调节剂的这一特性，将其制成商品出售，在生产中得到了广泛的应用。笔者建议消费者不必追求顶花带刺的商品效果。

下面举例说明保果药剂的使用方法。有效成分为CPPU的某种商品药剂，使用后能快速膨果，瓜条顺直，顶花带刺，鲜瓜期长。用法是：每瓶（100毫升）兑水量冬春季2～2.5升，夏秋季2.5～3升；在雌花开放当天或开花前2～3天，兑好药液浸瓜胎或用小型喷雾器均匀喷瓜胎1次，然后弹一下瓜胎，把瓜胎上多余药液弹掉。如果没有这个弹的操作，且药剂浓度偏高，药量大，容易形成大花头，逐渐形成多头瓜，后期形成大肚瓜，有些导致子房发育异常，瓜胎偏扁，后期可能形成畸形的双体瓜。大花头现象经常出现，因此商家和消费者将其作为区分黄瓜是否经过蘸花处理的标志。

处理雌花时还需要注意：在雌花未完全开放前用药，可延迟雌花开放，鲜花戴顶期长；最好在阴天或晴天早晚无露水时处理，避免强阳光或中午高温时使用，即配即用；从花到瓜柄全部浸泡3～4秒，没开花时浸泡，鲜花能保持较长时间；瓜胎受药一定要均匀，1株每次浸泡1个瓜胎最好；初次使用最好先作小面积试验，找出最佳的兑水量。

经过蘸花处理，黄瓜的坐瓜率将大大提高，但要使瓜条发育起来还需要温度、水肥等条件的配合。

五、采收

根瓜要早采。这是因为，在根瓜生长期间，黄瓜植株较小，还处于较弱的状态，营养基础不十分强大。如果等到根瓜长大后再采收，势必要吸收大量的营养物质，使供应茎叶生长的营养物质减少，植株矮小，以后结瓜量少。尤其对结瓜量较多的雌性系品种，更宜早采。而且在植株生长前期，如果根瓜不采收，上面的瓜就发育不起来。所以，不能只顾一瓜之得失，为了获得更高产量晚采瓜。但如果晚采瓜导致坠秧，会得不偿失。

进入结瓜期后，要经常采收，到结瓜盛期几乎要天天采收。理论上讲，一天当中日出前采收最好。这是因为，黄瓜白天的生长量相对较小，日落后果实的生长速度会突然加快，几个小时后又逐渐减慢，到次日日出时几乎停止。因此，天亮前或早晨采收上午出售最好。

需要理解的是，采瓜不仅仅是一种收获的手段，也是调节营养生长与生殖生长关系的一种重要措施。只有保证两者的关系协调，才能获得高产。采收初期，植株营养面积小，气温低，瓜条生长慢。为促进营养生长，

形成强大的营养基础和将来大量结瓜的潜力，要早采收，减轻养分消耗，否则容易引起早衰。结瓜盛期，植株营养生长旺盛，有能力大量结瓜，且不易徒长，可等到瓜长到标准大小时再采；植株衰老后，同化能力和吸收能力降低，要早采瓜。

第四部分

日光温室冬春茬黄瓜栽培技术

一、品种选择

1. 绿岛1号

由河北科技师范学院闫立英等以秋黄瓜“秋白”与春黄瓜“叶三”为亲本杂交，在温室弱光条件下采用混合单株选择法，历经18代选育而成的温室专用型早黄瓜品种，具有早熟、优质、丰产、耐低温弱光等特点。该品种植株生长势中等，以主蔓结瓜为主，第一雌花节位3～4节，果实发育速度快，前期产量高。20节内平均雌花节率为45.7%，双瓜节率为18.1%。商品瓜长25～30厘米，顺直，亮绿色，均匀一致。瓜把较短，深绿色。刺瘤稀疏，瘤深绿色，中等大小，白刺。口感好，清香味浓，维生素C、可溶性糖含量高，较抗霜霉病，抗白粉病、枯萎病能力中等。耐早衰，一般每667米^{2}产量5 000～8 000千克。适于日光温室、塑料大棚冬春茬栽培。

2. 津优3号

由天津科润黄瓜研究所培育。植株抗病性强，生长紧凑，生长势强，叶片深绿色，主蔓结瓜为主，第一雌花着生在3～4节，雌花节率30%，回头瓜多。早期产量比长春密刺高30%，总产量高38%。每667米^{2}产量6 000千克。耐低温、耐弱光能力强，在11～14℃低温和

弱光下能正常生长。瓜条顺直，单瓜质量230克，瓜条深绿色，有光泽，刺瘤明显，白刺，瓜柄短，质脆味甜。适于日光温室越冬茬、早春茬和塑料大棚春提前栽培。华北地区日光温室中进行越冬栽培，9月下旬至10月上旬播种，苗龄30天左右。早春大棚栽培12月下旬至翌年1月上旬播种，苗龄40天。高抗枯萎病，中抗霜霉病、白粉病。

3. 津优5号

由天津市黄瓜研究所培育。植株生长势强，以主蔓结瓜为主，瓜码密，回头瓜多，单瓜结实能力强，瓜条生长速度快，从开花到采收比长春密刺早3～4天。瓜条棒状，深绿色，有光泽。刺瘤明显，白刺，把短，商品性好，品质佳。腰瓜长35厘米，单瓜质量200克左右。早熟性好，早春种植时第一雌花出现在第四节，从播种到采收65～70天。抗霜霉病、白粉病、枯萎病能力强，耐低温弱光，并具有一定的耐热性能。适于早春茬和秋冬茬日光温室栽培，早春种植每667米^{2}产量6 000千克，秋冬种植每667米^{2}产量可达5 000千克。

4. 津优10号

由天津科润黄瓜研究所培育。植株生长势强，表现早熟，第一雌花节位在第四节左右。瓜条生长速度快，成瓜性好，从播种到根瓜采收一般为60天左右。瓜条长35厘米左右，横径3厘米，单瓜质量180克，颜色深

绿，有光泽。刺瘤中等，口感脆嫩，兼抗黄瓜霜霉病、白粉病和枯萎病，尤其是抗霜霉病能力十分突出。前期以主蔓结瓜为主，中后期主侧枝均具有结瓜能力。每667 米^2 产量 5 500 千克以上。适宜早春塑料大棚与秋后大棚栽培。

5. 津优 20 号

由天津科润黄瓜研究所培育。植株生长势强，雌花节率高。瓜条顺直，深绿，刺瘤密，商品性好。质脆味甜，品质好。耐低温耐弱光，喜大肥大水，抗病丰产，适合早春日光温室栽培。栽培密度不宜过大，以每667 米^2 定植 3 200 株左右为佳。丰产潜力大，前期以控为主，提高坐瓜率；后期应以促为主，以提高产量。定植前施足基肥，根瓜坐住后及时追肥，采收中后期加大肥水量，并进行叶面追肥。生产上注意防治霜霉病。

二、育苗

（一）常规育苗

在未栽培过黄瓜的新温室里，黄瓜枯萎病为害不严重，可不进行嫁接，直接将种子播在营养钵中培育成苗。冬春茬黄瓜育苗时，正值严冬季节，为提高苗床温度，可用火炕、酿热温床或电热温床育苗。其中，电热温床管理方便，被广泛采用，但耗电高；火炕温床管理不便，但育苗成本相对较低。下面以电热温床为例，介绍营养钵育苗方法。

1. 铺电热线

将苗床建在温室中部采光好的地块，苗床面积根据用苗量而定。先划出苗床的边框，将床内地面铲平，浅翻耕，以利保持土壤水分，防止育苗期间营养钵内的土壤迅速变干。然后将其耙平。在苗床两端插小竹棍，间距 8～10 厘米。将电热线折成双股，弯折处套在苗床一端的两根竹棍上，两股电热线分别向两侧呈“几”字形缠绕竹棍，这样可保证电热线的两头在苗床的一端，便于连接电源。铺线后，接通电源，用手摸电热线表面，看其是否变热。如果变热，即可埋线；如果不热，说明未通电，检查电源连接处，同时查看电热线本身是否断裂。

确定通电后即可埋线，先在插竹棍处开小沟，将电热线埋入，这样在埋苗床中间的电热线时就更容易。然后在苗床上开小沟，将电热线全部埋入。

视频 21

苗床喷水提高底墒

在摆放营养钵前，对苗床土壤喷水造墒，这样可以减少低温季节育苗期间营养钵的浇水次数，防止幼苗徒长。

2. 配制营养土

用大田土、充分腐熟的有机肥、少量化肥以及杀菌剂配制营养土。

大田土的比例为60％～70％，在小麦、玉米等大田作物，且肥沃、没受病虫害污染的地块取土。营养土中有机肥占30％～40％。在配制前先用筛子筛好。

过筛后，按比例将大田土和有机肥堆积在温室内。为提高营养土营养，应按每立方米营养土加氮磷钾复合肥2千克的量掺入化肥，为杀灭营养土中可能存在的病菌，每立方米营养土中还应掺入50％多菌灵可湿性粉剂或其他等杀菌剂80～100克。确定各种添加物的用量后，将各成分充分混合，然后倒堆两遍。

在配制营养土时，注意不要掺入尿素、碳酸氢铵等速效氮肥，即使掺入用量也不能过高。而且幼苗生长过程中也应注意不要过量施用速效氮肥，否则容易形成生理变异株。生理变异株与同期定植的其他植株相比，其植株略矮，但很粗壮，最大的特点是茎扁平，横截面近长方形；从外表看，每节似有2～3片叶，而正常植株每节只有1片叶；植株长势强健，叶片肥厚，叶色比普通植株的叶片颜色要深；“龙头”聚缩，生长点处聚集了大量的雌花或雄花。生理变异株结瓜较少，对产量有一定影响，发现这种病株后没有适宜的治疗方法，只能通过在育苗期间和定植初期避免过量施用速效氮肥等措施加

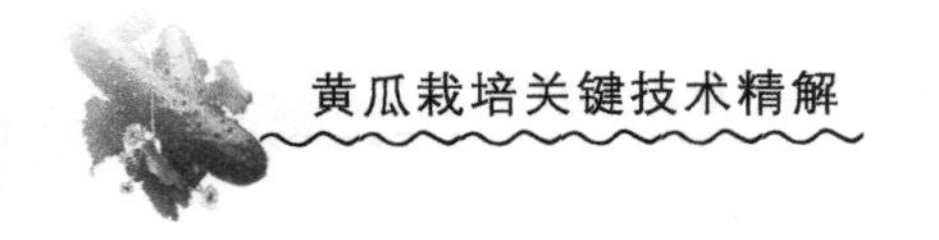

以预防。

3. 装钵

装钵前先对营养钵进行一次清选，剔除钵沿开裂或残破的营养钵，因为这样的营养钵在浇水时会漏水，不易掌握浇水量。向钵内装营养土时，注意不要装满，营养土要距离钵沿2～3厘米，以便将来浇水时能存贮一定水分。装钵后，将营养钵整齐地摆放在苗床内，相互挨紧，钵与钵之间不要留空隙，以防营养钵下面的土壤失水。在苗床中间每隔一段距离留出一小块空地，摆放两块砖，这样播种时可以落脚，方便操作。

4. 浸种催芽

播种前先温汤浸种，用两份开水加一份凉水兑成约55℃的温水，将种子放入其中，不断搅拌。如果在搅拌过程中水温降低，要不断加热水，保持温度10分钟。10分钟后，倒入凉水，将温度降至30℃左右，浸泡3小时，使种子吸足水分。之后将种子捞出，用纱布包好，在30℃左右的温度下催芽，“露白”后即可播种。

5. 播种

为保证育苗期间充足的水分供应，减少幼苗生长期间的浇水量，在播种前要浇足水。先从苗床的侧面向营养钵下面的土壤灌水，然后从营养钵上面一个钵一个钵地浇水，浇水量要一致，这样可保证出苗整齐，幼苗生长也容易做到整齐一致。千万不要图省事而用喷壶喷水，

这样做不容易做到浇水均匀。水渗下后，先不要播种，而是放置半天到 1 天，让土壤温度升高。第二天上午，再按钵浇 1 次小水，确保营养土充分吸水，然后才能播种。

播种时，将种子平放在营养钵中央，这样摆放的种子出苗质量好。随播种随覆土，用手抓一把潮湿的营养土，放到种子上，形成 2～3 厘米厚的圆土堆。覆土操作要由一个人完成，以便做到覆土均匀，保证出苗整齐。如果出苗速度不一致，幼苗高矮不整齐，往往是由于覆土厚度不均匀造成的。若地温较低（低于 15℃），则应盖一层地膜以提高地温。幼苗开始拱土后必须将地膜及时撤掉，以免烤苗。

6. 苗期管理

黄瓜种子的发芽适温为 30℃，但冬季育苗时很难达到这一目标。尽管如此，还是应使营养土温度维持在 15℃以上，否则容易发生烂籽现象。在幼苗出土前可使育苗温室内的温度中午时维持在 35℃左右，这样使土壤保持较高的温度，以加快出苗速度。一般应使幼苗在 5 天内出齐，否则幼苗质量会受到一定影响。如果温室保温性差，可在苗床上搭建小拱棚，覆盖塑料薄膜和草苫，提高温度。

幼苗出土后，下胚轴对温度十分敏感。处于高温高湿条件下，它会迅速伸长，形成徒长苗。所以，幼苗基

本出齐就要适当通风，降低温度和湿度。一般白天的温度应控制在 25～30℃，不宜过高；夜温一定要控制在 15℃以下，最好 12～13℃，这样有利于营养物质的积累，使幼苗生长健壮。

为防止幼苗徒长，苗期要尽量少浇水，最好不浇水。因为营养土中有充足的养分，所以苗期也无须追肥。在育苗后期，幼苗拥挤，容易徒长，可将营养钵拉开，加大钵与钵之间的距离。

正常的黄瓜幼苗一般在 4～5 片叶时就有花蕾，定植后在 7～8 片叶时会于第 3～4 节处开始出现雌花。如果苗期夜温高，苗床过于干燥，氮肥过多，则会只开雄花而无雌花，甚至出现连续十几节无雌花现象。

定植前要进行低温锻炼。经过锻炼的幼苗适应低温的能力提高，不容易受冻害。而且幼苗比较壮实，抗寒能力提高，能短时间耐受 0～1℃低温。壮苗细胞液内糖分等有机物含量高，浓度高，能将冰点降低，这是壮苗比徒长苗抗冻的原因。

7. 常见问题

育苗期间容易出现下面几个问题。

其一，幼苗“戴帽”出土。黄瓜幼苗出土后子叶上的种皮不脱落，俗称“戴帽”（或“带帽”）。“戴帽”苗的子叶被种皮夹住不能张开，直接影响子叶的光合作用，也易损坏子叶，造成幼苗生长不良或形成弱苗。造成

“戴帽”出土的原因很多，例如种皮干燥或所覆盖的土太干，致使种皮变干；覆土过薄，土壤挤压力小；出苗后过早揭掉覆盖物或在晴天中午揭膜，致使种皮在脱落前变干；地温低，导致出苗时间延长；种子秕瘦，生活力弱等。

防治方法如下。一是精细播种。营养土要细碎，播种前浇足底水。浸种催芽后再播种，避免干籽直播。二是注重覆土。在点播以后，先全面覆盖潮土 7 毫米厚，不用干土，以利保墒。不能覆土过薄，且厚度要一致。在幼苗大部分顶土和出齐后各覆土 1 次，厚度分别为 3 毫米和 7 毫米。覆土的干湿程度视气候、土壤和幼苗状况而定。第一次覆土，若苗床土壤湿度较高，应覆盖干暖土壤；第二次为防“戴帽”出土，以湿土为好。三是保持床土湿润状态。必要时，在播种后覆盖无纺布、碎草保湿，使床土从种子发芽到出苗期间始终保持湿润状态。幼苗刚出土时，如床土过干要立即用喷壶洒水，保持床土潮湿。若发现有覆土太浅的地方，可补撒一层湿润细土。若发现“戴帽”苗，可趁早晨湿度大时，或喷水后用手将种皮摘掉，操作要轻。如果干摘种壳，很容易把子叶摘断，也可等待黄瓜幼苗自行脱壳。

其二，黄瓜不出苗或出苗不齐。经催芽的种子一般在播种后 3～4 天可出齐。但是，常常由于床土温度过低，种芽冻死，或土壤中化肥浓度过高，或有机肥未经

腐熟，或有机肥腐熟不完全，或土壤中水分不足，阻碍了种芽吸水，使幼嫩的种芽烂掉而不出苗。若播种后，遇到长期的阴、冷、雨、雪天气，床温偏低，土壤中水分过大，种子长期处于低温水的浸泡状态，也会使种芽烂掉。另外，播种床面不平整，覆土厚度不均匀，甚至种子裸露于床土表面，或覆土过厚，或床面土壤板结，或土壤消毒用药量过大等都会导致出苗不齐或不出苗现象的发生。

防治方法如下。一是要等到地温稳定在10℃以上再播种。土温过低时，应增设加温设施提高土温。二是配制床土时，一定要用完全腐熟的有机肥料。利用热效率较高的肥料时，肥料配比要适当。化肥用量不能太大，避免烧苗，灌水要均匀，地面要平整。三是覆土应均匀，厚度保持在1厘米左右，营养土要疏松细致，严格按育苗要求操作。若4～5天，苗仍未出，应先仔细查看土壤是否缺水，种子是否完好。若种子胚根尖端仍为白色，说明还能出苗，可以加温，特别是提高地温。如土壤干燥，可适当洒20℃温水。如果胚根尖端发黄或腐烂，就没有挽救的希望了，应重新播种。

其三，乙烯利处理问题。冬春茬黄瓜播种时温度较低，适宜雌花发育，且当前的黄瓜品种节成性都较好，一般不用进行乙烯利处理。但在秋冬茬黄瓜育苗时，正值高温季节，不利于雌花的形成，可进行乙烯利处理。

处理时从第一片真叶展开开始喷40%乙烯利水剂，浓度为100～150毫克/升，每展开一片真叶喷1次，共喷3～5次。兑水方法是，取3.75毫升40%乙烯利水剂，加水10～15升，可喷1.5万～2万株瓜苗。

（二）顶插接育苗

1. 培育砧木苗

（1）种子处理

计算好南瓜种子用量。种子处理选用两种方法。一是温汤浸种。用55℃温水浸种15分钟，不断搅拌，杀灭种子表面病菌，15分钟后加冷水至室温，然后浸泡6小时。二是进行药剂消毒，用高锰酸钾1 000倍液浸种6小时。浸种后将种子捞出，清洗干净，用湿布包好，放在容器中加盖保湿，置于28～30℃的环境下催芽，1～2天即可发芽。期间应每天冲洗两次，洗去种子表面的黏液，重新包好，甩去水滴后继续催芽。种子露白时即可播种。

（2）播种

用穴盘或营养钵做育苗容器。

①穴盘播种　选用72孔穴盘。用草炭、蛭石按1∶1或2∶1的体积比混配复合基质。混合时要喷水，使基质湿润，尤其是在使用草炭时，需要提前1天大量喷水。而后，将混合均匀的基质装入穴盘，表面用木板刮

平。在装好基质的穴盘上面叠放一个同型号穴盘，用双手按住上面的穴盘向下压。这样，上边穴盘的底部会在其下面穴盘基质表面的相应位置压出深约 0.5 厘米的凹穴，但应注意不要将基质压得太实。

播种方法是，每穴播种 1 粒，胚根朝下。播种后，在种子表面覆盖蛭石，既能保湿，通气性又好，利于发芽。蛭石要提前拌湿，覆盖蛭石后不再喷水。如果蛭石较干燥，可以用喷雾器喷水。

② 营养钵播种　用营养钵育苗时，钵内装填营养土，其配制方法参见前述。播种前要浇足水，可先从苗床的侧面向营养钵下面的土壤灌水，然后逐钵浇水。浇水量要一致，尽量不要图省事而用喷壶喷水，这样做水量不均匀。水渗下后，在苗床上覆盖地膜，减少营养钵内水分蒸发损失，同时也能提高营养钵内土壤温度。放置半天到一天，让营养土温度升高。第二天上午，如果营养钵水分蒸发较多，可喷 1 次小水，确保营养土充分吸水。但通常情况下并不需要喷水，直接播种即可。

播种方法是，将种子平放在营养钵中央，胚根朝下，这样摆放的种子出苗质量好，注意不要呈直立状将种子插入土中。随播种随覆土，用手抓一把潮湿的营养土，放到种子上，形成 2～3 厘米厚的圆土堆。潮湿细土的制备方法是，用喷雾器向过筛营养土上喷水，边喷水边添土，然后倒堆。覆土操作要由一个人完成，以便做到覆

土均匀，保证出苗整齐。

（3）嫁接前管理

南瓜种子比黄瓜大许多，必须在播前使其充分吸水，否则发芽慢，芽发不齐，播种时也需要多浇水。播种后温度保持在30～35℃，夜间温度应不低于20℃。若地温较低（低于15℃），则应盖一层地膜以提温，幼苗开始拱土后必须将地膜及时撤掉，以免烤苗。为升高温度，保温性较差的温室还应搭建小拱棚保温。出苗后应降低温度，防止胚轴生长太快、胚轴过高并过早出现空腔，要根据品种胚轴的长短，分别对待，使其到嫁接时达到适宜的标准。出苗后的适宜温度为白天22～25℃、夜间12～15℃，但此期也要防止苗床的温度过低，使胚轴过短。在胚轴长4厘米时，一般为发芽后4～5天，可在白天把苗床温度稍提高些，以26℃为准，夜间17～18℃。

穴盘育苗时，出苗后应及时喷营养液，勤浇少浇。幼苗生长前期，最好用喷雾器喷灌营养液，以免将基质冲起，后期可用喷壶或喷淋头。注意供液和供水相结合。每2～3天喷1次水或营养液，水和营养液交替喷洒。

营养钵育苗时，种子出苗前不浇水，防止床土板结。大部分种子顶土出苗后，向苗床均匀地撒盖一层厚0.3～0.5厘米的过筛细土，以帮助种子脱壳，避免戴帽出苗，同时也具有保湿作用。大部分幼苗的子叶伸展开后，视苗床的干湿程度浇1次水或不浇，之后直到嫁接前要求

保持苗床湿润。此期苗床干旱，会造成瓜苗生长缓慢，但湿度长时间偏高也会造成胚轴生长过快、过细并过早出现空腔。

2. 培育接穗苗

（1）种子处理

冬春茬日光温室黄瓜的栽培密度为每 667 米^2 4 000～4 500 株，用种量为每 667 米^2 大约 150 克。应提前进行种子处理，在南瓜播种 2～3 天后播种黄瓜。

用两份开水一份凉水混合成 55～60℃的温水，将种子倒入其中，不停地搅拌，保持这一温度 10～15 分钟。如果消毒过程中水温降低，需补入热水。预定时间后倒入凉水，使水温降至 30℃，在这一温度下再浸种 3～4 小时。之后将种子捞出，清水洗净，用湿布包好，放在容器中加盖保湿，置于 28～30℃的环境下催芽。

也可采用药剂消毒方法。

用 50％多菌灵可湿性粉剂 500 倍液加 50％异菌脲可湿性粉剂 800 倍液浸种 50～60 分钟；或用 50％福美双可湿性粉剂 500 倍液，浸种 20 分钟；或用冰醋酸 100 倍液、40％甲醛 200 倍液浸种 30 分钟，可防治黄瓜炭疽病、蔓枯病、枯萎病等。

用 72.2％霜霉威水剂 800 倍液，或 25％甲霜灵可湿性粉剂 800 倍液，或 70％噁霉灵可湿性粉剂 3 000 倍液，浸种 30 分钟，可预防黄瓜猝倒病、立枯病、疫病等。注

意嗯霉灵可湿性粉剂在使用时要严格掌握药剂用量，拌后随即晾干，不可闷种，防止出现药害。

用次氯酸钙 300 倍液浸种 30 分钟，或 40%甲醛 200 倍液浸种 60 分钟，或用 100 万单位的医用硫酸链霉素 500 倍液浸种 2 小时，可预防黄瓜细菌性角斑病等细菌性病害。

用 10%磷酸三钠溶液（即 99%磷酸三钠晶体粉兑水 9 倍）浸种 15～20 分钟，可杀灭黄瓜种子内外的各种病毒，预防病毒病。

经过药剂消毒后洗净的种子，再用 25～30℃温水浸泡 3～4 小时，然后捞出沥去多余水分，用清洁、湿润的纱布或毛巾包好，置于底部放上湿沙或碎草的容器内，在 28～30℃条件下催芽。

在催芽过程中，注意保温保湿。当 80%的种子破口稍露芽（实际上是胚根）呈现“芝麻白”时，即可播种。切勿让种芽过长，否则胚根相互缠绕，播种时容易折断，给操作带来困难。若遇不好天气不宜播种时，应将种子摊开，上盖湿布，置于 10～15℃条件下抑制生长，天气好转立即播种。

（2）苗床播种

由于插接法使用的仅是幼小黄瓜苗顶部的一小部分，所以没有必要将其播种在营养钵中，可以播种在普通苗床中。按每平方米 1 000～1 500 粒的播种量准备苗床，

培好畦埂，而后将畦内10厘米深土壤挖出。该土如果符合育苗要求，可就地与腐熟的有机肥、农药等配制成营养土。将畦底整平并踩实后，再将营养土回填，搂平并轻踩一遍。

采用密集撒播法播种时，种子间距为2～3厘米。该播种法育苗用地少，管理方便，容易保持瓜苗整齐。播种前应浇透水，水中掺入适量的高锰酸钾或50%多菌灵可湿性粉剂、50%甲基硫菌灵可湿性粉剂等杀菌剂。如果地下害虫较多，还应在水中掺入适量的杀虫剂。然后向畦面均匀撒一薄层营养土或过筛的普通细土，厚度以刚好把畦面盖住为宜。避免播种时种子直接粘到泥泞的畦土上，造成“糊种”。

播种时将种子平放，芽尖（胚根）斜朝下。播种后覆盖潮湿营养土，营养土厚度为1～1.5厘米。虽然营养土中掺入了杀菌剂，但在低温季节育苗，还有可能发生猝倒病、疫病等病害，导致幼苗大量死亡。这些苗期病害的发生，多与营养土的含水量有关。有人尝试在播种后不覆盖营养土，而是代之以潮湿的沙子或蛭石。结果表明，此法能明显减轻甚至杜绝苗期病害，效果很好。覆土后覆盖地膜，防止床土干燥，同时地膜也能起到保温作用。

（3）平底盘播种

除苗床播种外，也可采用平底盘播种。用草炭、蛭石配制复合基质，浇水搅拌，填入平底盘，刮平。撒播黄瓜

种子后，覆盖潮湿蛭石，并在苗盘上覆盖地膜增温保湿。

（4）嫁接前管理

黄瓜种子的发芽适温为30℃，出苗前要保持适当的高温，使种子及时出苗。此期的适宜温度是白天25～32℃、夜间20℃左右。温度偏低时要采取加温和保温措施。冬季育苗时很难达到这一目标。尽管如此，还是应使根际温度维持在15℃以上，否则很易发生烂籽现象。在出苗前应使育苗温室内的温度中午时维持在35℃左右，这样根际保持较高的温度，以加快出苗速度。一般应使幼苗在5天内出齐，否则幼苗质量会受到一定影响。如果温室保温性差，在播种后苗床上覆盖地膜的同时，要搭建小拱棚保温保湿，甚至可在小拱棚上覆盖保温被，提高温度。

出苗后揭掉地膜并适当降低温度，白天22～28℃，夜间12～15℃。因为此时下胚轴对温度十分敏感，处于高温高湿条件下，它将迅速伸长形成徒长苗，导致苗茎过细和提早出现空腔，所以从幼苗基本出齐开始就要适当通风，降低温度和湿度。一般白天温度应控制在25～30℃，不宜过高；夜温一定要控制在15℃以下，最好12～13℃，这样有利于营养物质的积累，使幼苗生长健壮。

采用营养土育苗时，由于营养土持水能力强，出苗期不应浇水，以防床土板结。出苗后，特别是子叶展开后要勤喷水，保持床面湿润。防止瓜苗徒长的方法主要是降低温度，特别是降低夜间的温度，不能用减少浇水的方法来控制生长速度。但也要避免床土过湿，导致苗茎生长过快和出现病害。由于营养土中有充足的养分，所以苗期也无须追肥。

苗床揭掉地膜后，用高锰酸钾 1 000 倍液或 50%多菌灵可湿性粉剂 500 倍液轻浇幼苗基部一次，7～10 天后再浇 1 次。

3. 插接操作

（1）嫁接适期

南瓜砧木和黄瓜接穗的嫁接适期虽然比较短，但也有一个范围。在此范围内，应抢时间嫁接，宁早勿晚。砧木的适宜嫁接状态为子叶完全展开，第一片真叶已经出现处于未展开至开始展开时，一般在南瓜播种后 9～13 天；接穗苗的子叶开始展开至充分展平，这一时段都可嫁接，尤其以子叶刚刚展平时最为适宜，一般在黄瓜播种后 7～8 天。两者的幼苗所处状态应相互吻合。由此可见，确定砧木和接穗的适宜播种间隔期以及通过温度调控幼苗的生长速度十分重要。

（2）起苗

带钵将砧木苗从苗床中搬出，也可以不搬出苗床，在苗床内直接嫁接。接穗苗最好从苗床中带根起出。如果瓜苗比较脏，起苗后要先用清水漂洗干净，再用 50%多菌灵可湿性粉剂 1 000 倍液，或 75%百菌清可湿性粉剂

800倍液药液漂洗一遍进行消毒，然后把瓜苗放到消过毒的湿布或干净的塑料薄膜上，待晾干表面水分后再嫁接。每次起苗量要少，否则将会因不能及时嫁接而失水。

另外，也有人像割韭菜一样将接穗苗割下来，将其漂浮在水盆中，拿到嫁接场所备用。因为嫁接不需要接穗根系，所以无须考虑根系是否受伤。笔者推荐带根起苗，如果接穗苗不带根，胚轴较容易失水变软，不易于插入插孔内。即使勉强插入，插接区的质量也比较差，嫁接苗的成活率也不高。将接穗苗泡在水盆中的方法虽然避免了失水，但容易感染病菌，嫁接时如果水分不能蒸发干净同样不易成活。

（3）砧木插孔

嫁接时，把栽有砧木苗的营养钵拿到嫁接操作台上，也有熟练的操作者在营养钵就地不动的情况下直接嫁接。

如果砧木播种在穴盘中，一般是两位操作者相互配合进行嫁接，一人插孔嫁接，一人削接穗。此时会发现，如果砧木种子在播种时朝向一致，会给嫁接操作带来极大便利。

具体操作是，用竹签铲掉砧木苗的真叶和生长点。左手拇指和食指捏住砧木苗的子叶基部，右手拿竹签，将竹签紧贴在苗茎的顶面一子叶，从子叶的基部，沿子叶连线的方向，向另一子叶的下方斜插入胚轴，到达另一侧的表皮位置。此时，抵在砧木胚轴上的手指会感觉到竹签的压力，说明深度够了。之所以不垂直插是因为与西瓜、甜瓜相比，黄瓜的接穗大，嫁接适期偏晚，砧木可能有空腔，要尽量避免将接穗插入砧木胚轴的空腔中。一般插孔长约 8 毫米，尽量不要将砧木胚轴表皮穿透，否则接穗容易从漏洞处长出不定根，不定根一旦深入土壤，嫁接的意义就完全丧失了。插好孔后，将竹签留在孔内暂时不要拔出来，腾出手来削接穗。如果两人操作，则由另一人削接穗。

（4）削接穗

取一株接穗苗，用左手拇指和中指捏住子叶，用食指托住胚轴，胚轴朝外，用刀片在子叶的正下方一侧，距子叶基部 5～10 毫米处斜切一刀，切成单斜面的楔形，楔形接口长度约 7 毫米。

视频 22　切削接穗

（5）插接

如果一人操作，注意插接的操作顺序，是先在砧木上插孔后削切接穗。接穗削好后，随即从砧木苗茎上拔出竹签，把接穗插入砧木的插孔中，接穗要插到插孔的底部，要求插孔底部不留空隙。至此，嫁接操作完成。

视频 23　插入接穗

随即把嫁接苗放入苗床内，尽量缩短嫁接苗在苗床外的停留时间，并对营养钵进行点水，同时将苗床用小拱棚扣盖严实，保持空气湿润。虽然插孔有一定的紧实度，只要没有外力，基本能将接穗夹住，但也有人用塑料嫁接夹进一步固定，这样虽然麻烦，但确实可以提高嫁接成活率。

需要特别注意的是，插接的各个操作环节要一气呵成。有经验的操作者，在接穗削好后不能立即嫁接时，会用消过毒的湿布盖住，以此法保证黄瓜苗穗切削后不失水。

4. 嫁接后管理

嫁接苗的部分组织受到创伤，需要早日恢复，愈合伤口，重新开始生长。因此，管理上要十分精细。

（1）光照

苗床的湿度、温度与嫁接苗的水分蒸腾有直接关系。嫁接苗在湿度高、温度适宜的条件下最易成活。因此，最好用拱棚把苗床密闭起来，人为地创造一个高湿且温度适宜的环境，同时适度遮光，减少嫁接苗水分蒸腾，防止萎蔫。低温期创造这种条件比较容易。但是，高温时苗床密闭，温度过高，反而会加重嫁接苗萎蔫，此时要注意通过遮光的方法调节温湿度。

通常，在嫁接当天和第二天要保持拱棚的密闭状态，维持95％以上的空气相对湿度。同时苗床对应位置的温室前屋面应覆盖遮阳网进行遮光，也可以在拱棚上覆盖

遮阳网适度遮光。注意，不是让苗床处于完全黑暗的状态，遮光程度以嫁接苗不萎蔫为宜。第三天至第五天可以在早晚光照弱时让苗床少量进光，第六天以后即可把拱棚两侧的薄膜掀开一部分，以后逐渐扩大，让苗床逐渐适应正常光照并进行通风换气。

（2）温度

嫁接后，苗床白天温度应控制在25～30℃，地温25℃，夜间最低温度最好能控制在20℃以上。开始几天气温要通过遮光调控，不要用通风换气的方式调节。从第四天开始，白天温度仍应保持在25～30℃，地温23～25℃，夜间温度控制在17～20℃。成活后，早晨气温最低应保持12℃，最低地温保持17℃；白天气温25～30℃，地温23℃；傍晚气温16℃，地温应达到20℃。

（3）湿度

刚嫁接后，苗床内湿度应接近100%。第二天、第三天不通风，但要使一定量的阳光照射进苗床内。以后可通过遮光、换气相结合的办法调节温度、湿度，促使嫁接苗早日成活。嫁接苗完全成活时，逐渐除去小拱棚，排除湿气，进行正常管理。

（4）水肥

采用营养钵育苗时，由于营养土中肥料充足，只需保持正常水分供应即可，不施肥。采用穴盘无土育苗时，前期使用低浓度营养液，通常为栽培用营养液浓度的

50%，后期逐步恢复为标准浓度。如果育苗基质中含有大量草炭，由于其本身含有丰富的营养，苗期也可用三元复合肥（15∶15∶15）浸提液。在子叶期，可用0.1%浓度，第一片真叶出现后浓度提高到0.2%～0.3%。应注意调整pH值，以pH值5.8～6.5为宜。此外，整个育苗期都要注意观察和防止缺素症。

（三）靠接育苗

1. 播种期

进行嫁接育苗时，采用靠接法。适宜播种期为12月中下旬，苗龄45～50天，三叶一心或四叶一心时定植。

视频24　二叶一心期的顶插接黄瓜嫁接苗

2. 苗床的准备

苗床应建在日光温室中部采光较好的位置。因育苗期间温度低，需要采用加温、保温措施，即在温室内搭建小拱棚，并采用炉火烟道加温。注意炉子、烟道要密封严实，且用质量较好的煤，以防二氧化硫、一氧化碳等有害气体逸出薰苗。也有菜农采用在苗床下面建造火炕进行加温的方式，从温室外燃煤增温，火炕的建造方法可借鉴山药、甘薯育苗火炕的建造方法。

3. 营养土的配制

有机肥30%～40%，需充分腐熟，过筛；田园土60%～70%，选择未重茬的肥沃砂壤土，过筛；用50%多菌灵可湿性粉剂作为土壤消毒剂，每立方米营养土用量为100克左右；营养土中掺入磷酸二铵，每立方米用量1～2千克。按照以上配方混合均匀。

4. 装钵并预热

营养土配好后开始装钵，营养钵规格为8厘米×10厘米，以装八分满为宜，并将其整齐摆放在苗床上。黄瓜播种前2～3天浇足底水，然后在苗床上覆盖地膜，烤畦升温。

5. 浸种催大芽

采用温汤浸种的种子消毒方法，即用55℃的水持续浸泡种子10～15分钟。若消毒过程中水温下降，可续加热水，期间不断搅拌，达到预定时间后加凉水冷却至室温。然后再浸泡3～4小时。将浸泡好的种子清洗干净，用透气的湿布包裹，于25～30℃的温度下催芽，当芽长达到种子长度时播种，俗称“催大芽”。低温季节，这种催大芽的方式能保证种子迅速出苗。如果种子刚刚发芽（“露白”）就播种，播种后种子出土缓慢，出苗时间长，

此时如遇到低温弱光天气，很容易“沤籽”。

另外，砧木南瓜的生长速度快，为保证嫁接时接穗、砧木大小匹配，要在黄瓜浸种后 3～4 天再处理南瓜种子。黄籽或白籽南瓜种子的浸种时间为 6～8 小时，然后催芽，也是要求胚根长度与种子等长时再播种。

6. 播种（俗称“插芽”）

先播黄瓜种子，在预热的营养钵中少量点水，然后播种。黄瓜种子播在营养钵的一侧，先用小木棍插孔，然后胚根向下、种子平放，再用拇指和食指将插口捏合。然后在黄瓜种子部位覆土 1～1.5 厘米，呈馒头状。

在黄瓜播种 3～4 天后，黄瓜苗基本出齐，两片子叶刚刚展开时，再播南瓜种子。播种前用喷壶少量点水，用小木棍插孔，然后将种子胚根向下平放在营养钵的正中央，在南瓜种子部位覆土 1～1.5 厘米，呈馒头状。

7. 播种后、嫁接前的管理

无论是黄瓜种子，还是南瓜种子，播种后都要求高温管理，以确保迅速出苗，苗齐苗壮。白天温度保持 25～30℃，夜间 20℃。待苗出齐后可适当降低温度，白天 22～25℃，夜间 12～15℃。嫁接前喷一遍 75％百菌清可湿性粉剂 800 倍液，或 50％多菌灵可湿性粉剂 800 倍液，预防病害发生。

8. 靠接法嫁接

参见越冬茬黄瓜嫁接方法。一般黄瓜播种后 15 天左右，南瓜播种后11～12天左右开始嫁接，此时黄瓜苗第一片真叶半展开，南瓜苗子叶展平且真叶露心。

嫁接时，用刀片去掉南瓜苗的生长点，在子叶节下0.5～1厘米处，垂直于子叶的方向，按45°向下斜切，深度达到幼茎粗度的2/3，然后再垂直下切，呈折线形，使切口长约10毫米。然后在黄瓜子叶节下方1～1.5厘米处，于子叶正下方，呈30°向上斜切，深度达幼茎粗度的2/3～3/4，再垂直上切，呈折线形，使切口长10毫米。

把两个切口嵌合在一起，黄瓜子叶在上，南瓜子叶在下，使四片子叶呈“十”字交叉形，并从黄瓜一侧用嫁接夹固定。嫁接后南瓜、黄瓜幼苗的上部应对齐，有时黄瓜幼苗子叶下面的胚轴偏长，可能会使嫁接苗倒向一侧，这是正常的。如果片面地追求胚轴直立，会使黄瓜苗子叶以下、接口以上一段的胚轴过长，不利于以后的生长。

9. 嫁接后的管理

嫁接后前3天内应覆盖小拱棚避免强光，增温保湿。白天温度保持在25～30℃，夜间16～18℃，空气相对湿度90%左右。第四天后逐渐增加光量和光照时间，逐渐加大通风量，降低温度和湿度。白天22～28℃，夜间14～16℃，空气相对湿度逐渐降低到65%～70%。注意随时清除砧木上的萌蘖。嫁接苗成活后，在嫁接后10～

15 天，嫁接苗二叶一心时切断黄瓜根，断根部位在接口下方约 0.5 厘米处。为了提高嫁接成活率，可在断根前 3～4 天在黄瓜幼茎上掐一下，减缓养分的输送。或者及时倒夹，随着幼茎的增粗，嫁接后 7～8 天，断根前倒 1 次夹，即向外、向下移动一下嫁接夹，但应避免黄瓜幼茎卡到夹子里，影响幼苗成活率。嫁接后 7 天，可喷 75％百菌清可湿性粉剂 800 倍液等药剂预防根腐病。

10. 乙烯利处理

分别在二叶一心和四叶一心时，用 40％乙烯利水剂 1 毫升加水 5 升进行叶面喷雾，以药液布满叶面又不下滴为宜，喷头在幼苗上一扫即可，不能像喷洒农药那样大量喷雾。

三、定植

（一）定植时期

一般在 2 月初（立春前后）定植。如果温室保温、增温性能好，可提前至大寒。安全定植期为气温不低于 8℃，地温不低于 12℃。若最低气温低于 6℃，定植就有风险，在低温过低时强行定植，往往导致生长停滞，欲速则不达。如果定植后遇到灾害性天气，可采用覆盖二层保温膜或支小拱棚等临时性防御措施。

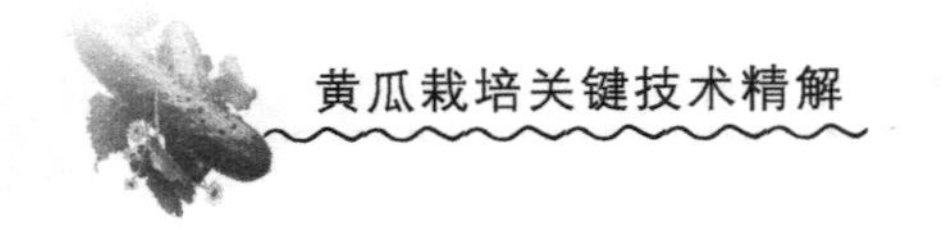

（二）整地施基肥

先浇水造墒，提高土壤含水量，这样便于之后的施肥、做畦等操作。

撒施基肥时，每 677 米^2 先施用腐熟有机肥 5 000～7 500 千克，也可以撒施商品袋装有机肥。有机肥对黄瓜丰产十分重要，切不可轻视。

之后，撒施化肥，比如每 667 米^2 硫酸钾 20 千克，四元素复合肥 50 千克，普施于土壤中。翻地 30 厘米深，每 667 米^2 施入 50％多菌灵可湿性粉剂 3 千克。

视频 25
定植前浇水造墒

视频 26
撒施有机肥

视频 27
撒施化肥

做畦时，以 130 厘米宽的平畦为基础做双高垄，小行距 50 厘米，大行距 80 厘米，垄高 10～15 厘米，垄宽 30 厘米，暗沟宽 20 厘米。与普通双高垄不同的是，作为田间操作通道的畦埂应与垄背高度基本持

视频 28
制作双高垄

平。这样，暗沟浇水后，水就不会流到田间操作通道上，不仅能保证通道干燥，也能让暗沟积蓄更多的水，保证浇水量充足。

在双高垄暗沟中，应放入两根滴灌管，并将滴灌管末端堵住。随后覆盖地膜。在双高垄上覆盖厚0.008～0.01毫米、宽90～100厘米的地膜。铺膜后，从沟中取土压住地膜两侧，用脚踩实。

另外，还需调整膜下滴灌管的位置。每个栽培行表面都需安置一条滴灌管，将滴头放置在定植穴位置。然后升温烤畦，选晴朗天气定植。

视频 29

铺设滴灌管

视频 30

覆盖地膜

视频 31

调整滴灌管位置

（三）定植方法

定植株距为25～28厘米，一般每667米^{2}定植3 300～3 700株。要求定植深度以土坨与垄面相平或稍高于垄面为宜，这样有利于快速缓苗。定植方法分明水定植和暗水定植（水稳苗法）两种。

如果立春之前定植，采用暗水定植，避免地温过低，先用自制打孔器打定植孔。例如，秦皇岛地区菜农发明了一种独特的打孔器，在打孔的同时，其尖端能在地膜上扎一个小洞，标记出下一个定植孔的位置。然后将营养钵摆放在定植孔旁边，如果天气低温阴暗，不适合定植，可以先将营养钵安放到定植穴里寄养。定植时，按穴浇水，水要浇满，之后立即去掉营养钵，露出土坨，在水没渗下时将苗坨放入穴内，苗坨表面应与垄面相平，从行间抓土封穴。

立春之后定植，如果早晨气温达到 8℃以上，地温达到 15℃以上，可采用明水定植，且不必担心地温降低。先打定植孔，然后将去掉营养钵的苗坨摆放到定植穴里，再从两垄之间的暗沟浇水。水要溢满坨面，如果有些苗坨没有浸水，可以用手指从定植孔孔口向里捅一下，引水入穴。浇水后，从行间取土封穴。这种方法省工省事。

四、田间管理

（一）缓苗期管理

加强温度管理，缓苗期从定植后开始算起，为 5～7 天，应进行高温管理。白天上午时保持在 28～32℃，下午 22～25℃，并在下午温度降至 20℃时放草苫，保持前半夜 14～16℃，后半夜 12～14℃，凌晨气温最低不能

低于8℃。晴天上午如果温室内没有有害气体，不超过32℃不放风。

定植3～5天后注意观察，当发现新根开始发生，心叶开始生长，则标志着幼苗恢复了生长，要及时浇足缓苗水，同时可按每667米^2 5～10千克的量随水追施四元素复合肥。有线虫的地块，可结合浇缓苗水用阿维菌素、甲氨基阿维菌素苯甲酸盐灌根，根据药剂剂型以及每株灌根1升的用药量计算用量总量，随水施入，宁多勿少，用以防治根结线虫，同时可防治根螨。

（二）初花期管理

从缓苗到根瓜坐住为初花期。当植株出现卷须时应用胶丝绳吊蔓，然后用刀片去掉南瓜子叶及接口处过长的黄瓜幼茎（避免接触土壤形成自生根），同时去掉嫁接夹。按顺时针或逆时针同一方向呈“S”形绕蔓，抑强扶弱，使生长点高度基本一致。

浇足缓苗水后进入蹲苗阶段，不浇水、不追肥，以控为主，控制地上部生长，促进根系发育，以便形成强大的根系。当根瓜坐住，即瓜长10～15厘米时，结束蹲苗，开始浇催瓜水、追催瓜肥，以促根、促秧的冲施肥为宜。

（三）结果期管理

1. 蘸花

像绿岛1号之类的品种，单性结实性极强，不用任何蘸花处理。有些品种化瓜严重，需要蘸花，但经过蘸花处理的果实，风味会有所改变，不受消费者欢迎。

2. 环境调控

采用高温管理，即晴天上午保持在30～32℃，且高于32℃才可以开始扒缝放风，高温可有效防止霜霉病的发生；下午20～22℃，等温度降至16℃时再放草苫；前半夜15～18℃，后半夜11～13℃，最低不低于10℃。在不影响温度的情况下，尽量延长光照时间和增强光照强度，定期擦洗薄膜。

3. 肥水管理

管理原则为"促根促秧，一促到底"。结果期一般5～7天浇1次水，温度低时一般7～10天浇1次水，温度高、结果量大时一般4～5天浇1次水。以水带肥，少量多次，每次每667米^{2}随水追四元素复合肥10～15千克，或使用黄腐酸、氨基酸、生物菌肥等各种冲施肥。晴天时以上午10时前浇水为宜，浇水量以浇满暗沟为准。

4. 植株调整

去掉雄花和卷须，以减少养分消耗，把养分集中分配给新生茎叶、瓜条和雌花。去掉黄叶、病叶和老叶，既有利于通风透光，又可减轻病害的传染。尽量不用各种控秧药剂，以免抑制生长。

另外，黄瓜容易出现坠秧现象，原因如下。

第一，苗期过多喷用乙烯利。有些品种本身坐瓜早、瓜码密，且苗期处在短日照低夜温时期（有利于促进雌花分化），若过多使用乙烯利或增瓜灵等药剂，导致雌花过多，则生殖生长过旺而营养生长受到抑制，从而坠秧。

第二，低温管理、喷控秧药，导致坠秧。

第三，采瓜过大或不及时，一些农户错误认为瓜越大采收，产量越高。但有些品种的瓜发育速度极快，迟收 1 天，就会严重影响上部小瓜的生长，导致弯瓜率增高，不仅降低产量，还影响品质。对此，可以采取提早疏掉生长点处过多小瓜、坚持每天采瓜等措施加以预防。

五、采收

适时采收是保证黄瓜品质和产量的重要环节。不同品种的采收标准不同。以绿岛 1 号黄瓜品种为例，该品种果实发育速度快，一般花后 6～7 天成为商品瓜。瓜色亮绿、瘤较明显，刺半透明，瓜长 25～30 厘米，需天天采收。

第五部分

露地秋黄瓜栽培技术

一、品种选择

一般秋季露地栽培宜选择苗期抗热、后期耐低温且瓜条稍大的品种，如中农 2 号、津杂 3 号、西农棒槌秋瓜、昭阳大黄瓜、京旭 2 号、冀黄瓜 1 号、冀黄瓜 2 号、夏青 2 号、唐山秋瓜、南京大刺瓜等品种。这些品种生长势强，耐病，耐低温，在秋季露地栽培效果较好。不同地区可根据各地情况选择适用品种。

二、育苗

露地秋茬黄瓜育苗时正值高温多雨季节，需要在防雨棚中育苗。可利用防雨保护设施，如在大棚、中棚、小拱棚等采用营养钵或穴盘育苗，之后定植于露地。使用营养钵育苗时，营养土配制、浸种、催芽等方法参照前述。四叶一心时定植，苗龄 30 天以内。

为了减少占地，提高育苗效率，目前多使用穴盘进行无土育苗。选用 72 孔或孔容量更大的穴盘，重复使用的穴盘在装填基质前要先消毒，用多菌灵等广谱杀菌剂配制消毒药液，将穴盘短时间浸泡其中，之后沥干药液，装填基质。

用草炭和蛭石配制复合基质时，需要注意的关键点是，草炭和蛭石的体积比是1∶1或2∶1，可根据草炭的质量进行调整，如果使用细碎草炭，可以多用一些。之后点播经过浸种催芽的黄瓜种子，胚根朝下；播种后覆盖潮湿蛭石。

苗期管理的重点是防雨和防高温。特别是在出苗后，由于温度高，防雨棚内光照弱，而幼苗胚轴对高温弱光非常敏感，十分容易徒长，应注意防范。对穴盘苗来讲，其定植时间比较灵活，可以早定植，并不像营养钵苗那样，要等到三叶一心期或四叶一心期定植。

视频32

穴盘使用前消毒

视频33

穴盘内黄瓜徒长苗

三、定植

先沟施基肥，每667米^{2}施入腐熟的饼肥200～300千克。做双高垄，大行距80～90厘米，小行距50～60厘米，高15～20厘米。一般每667米^{2}定植3 000～4 000株，株距23～25厘米。应按行距开沟，将营养钵苗按株距摆放在沟里。然后在栽苗沟两侧，用尖镐起土，

向幼苗培土，形成双高垄。由于垄上有幼苗，所以垄面不能用耙而只能用手修整。水渗透到土壤湿度能进行中耕松土时，再覆土盖住苗坨。栽培早期温度高，因此秋茬黄瓜一般不覆盖地膜。

四、田间管理

（一）蹲苗期管理

定植 4～5 天后，苗长出新根，生长点有嫩叶发生，表示已经缓苗。浇 1 次缓苗水（如土壤很湿可不浇或晚浇）。早秋地温尚高，浇水量不要太大。待地表稍干，应中耕，从定植到根瓜坐住前（瓜条见长，颜色变绿），要多中耕，少浇水，促进根系发育。进行短期蹲苗之后，随时根据土壤干湿状况决定是否浇水，结束蹲苗。

（二）支架

定植后应尽早支架。早支架可降低风速，有利于保温加快缓苗。同时趁定植水地湿，也便于插架。一般用 2 米长竹竿，每株一条，扎“人”字架。

（三）中耕松土

定植后 2～3 天要及时进行 3～5 厘米深的细中耕。

缓苗后进行深度达5～7厘米的深中耕。之后结合除草或浇水进行松土中耕。第一、二次中耕时，要结合中耕进行培土，总高度可达5～6厘米。

（四）整枝绑蔓

秋季露地黄瓜生长发育时间较短，整枝也较简单。一般是把根瓜以下的分枝及卷须都及时清除。根瓜以上的分枝在见瓜后，留一两片叶打侧顶，卷须及多余的雄花也需及时清除。当主蔓生长到架顶，一般具20～25片叶时，应打掉主蔓顶。以后就任其自由生长至拉秧。注意，当主蔓下部出现老化黄叶时也需及时摘除。

另外，应结合整枝进行绑蔓。幼蔓开始迅速生长后即开始绑蔓，以后每隔3～4片叶就结合整枝绑1次蔓。绑蔓时，要把“龙头”摆在同一水平上，以保生长整齐，叶片受光均匀。

（五）水肥管理

露地栽培时土壤水分蒸发量大，叶片蒸腾量也大，消耗水分多，因此浇水量应大，次数应多，做到结瓜之前少浇，结瓜盛期多浇。具体方法是，浇足定植水后，根瓜生长期不显干旱不浇水，中耕保墒。根瓜收获时开始加大供水量，一般每5～7天浇1次水。进入结瓜盛期需每3～5天浇1次水。到结瓜后期要适当减少浇水量。

同时，浇水应结合追肥。前期追肥以腐熟的有机肥、冲施肥为主，中后期以四元素复合肥、磷酸二铵等化肥为主，只有肥水充足才能取得高产。追肥要依地力及植株长相而定，一般是追氮素化肥，结合浇水冲施。每次每 667 米^2 追磷酸二铵 10～15 千克，或尿素 5～10 千克。而且都是浇 1 次清水，再浇 1 次肥水，即所谓“一清一混”。

另外，还要及时清除杂草，做好雨多时及时排水等管理工作。

五、采收

此茬黄瓜生长速度快，要及时采收，避免坠秧。

第六部分

黄瓜常见病虫害及防治

一、病害

1. 霜霉病

【病原】　古巴假霜霉。

【症状】　叶面上产生浅黄色病斑，沿叶脉扩展并受叶脉限制，呈多角形（彩图17），易与细菌性角斑病混淆。清晨叶片结露或吐水时，病斑呈水浸状，叶背病斑处常有水珠，后期病斑变成浅褐色或黄褐色多角形斑（彩图18）。湿度高时，叶片背面逐渐出现白色霉层，稍后变为灰黑色（彩图19）。高湿条件下病斑迅速扩展或融合成大斑块，致叶片上卷或干枯，下部叶片全部干枯，有时仅剩下生长点附近几片绿叶（彩图20）。

视频34　黄瓜霜霉病

【发病规律】　多始于近根部的叶片，病菌经风雨或灌溉水传播。病菌的萌发和侵入对湿度条件要求高，叶面有水滴或水膜时，病菌才能侵入，空气相对湿度高于83%时，发病迅速。对温度适应范围较宽，中温条件（15～24℃）适合发病，高温对病害有抑制作用。生产上浇水过量或露地栽培时遇中到大雨、地下水位高、株叶密集时易发病。

【防治方法】　露地栽培时雨后应及时排水，合理施肥，及时整蔓，保持通风透光。发病初期可选用50%烯酰吗啉可湿性粉剂 1 000 倍液，或 10％氰霜唑悬浮剂 2 000 倍液，或 52.5％噁酮·霜脲氰水分散粒剂 1 500 倍液，或 72％霜脲·锰锌可湿性粉剂 800 倍液，或 58％甲霜·锰锌可湿性粉剂 500 倍液，或 72％霜脲·锰锌可湿性粉剂 600 倍液，或 69％烯酰·锰锌可湿性粉剂 600～800 倍液，或 50％嘧菌酯水分散剂 2 000 倍液等药剂喷雾。每 7 天 1 次，连续防治 2～3 次。

严重时可选用的用药配方有，12.5％烯唑醇可湿性粉剂 2 000 倍液＋69％烯酰·锰锌可湿性粉剂 800 倍液＋2％春雷霉素水剂 500 倍液喷雾；12.5％烯唑醇粉剂 2 000 倍液＋53％金甲霜·锰锌可分散粒剂 600 倍液＋3％中生菌素可湿性粉剂 1 000 倍液喷雾；70％甲基硫菌灵可湿性粉剂 800 倍液＋50％烯酰吗啉可湿性粉剂 3 000 倍液＋88％水合霉素可溶性粉剂 500 倍液喷雾。每 7～10 天 1 次，连续防治 2～3 次。

2. 炭疽病

【病原】 刺盘孢属。

【症状】 黄瓜生长中后期发病较重，病叶初期出现水浸状小斑点（彩图 21），后扩大成近圆形病斑（彩图 22），淡褐色，病斑周围有时有黄色晕圈，叶片上的病斑较多时，往往互相汇合成不规则的大斑块。干燥时，病斑中部易破裂穿孔，叶片干枯死亡。后期病斑中部有黑色小点。干燥条件下，病斑中心灰白色，周围有褐色环。

【发病规律】　病菌以菌丝体和拟菌核随病残体遗落在土壤中越冬，菌丝体也可潜伏在种皮内越冬。翌年春季环境条件适宜时，菌丝体和拟菌核产生大量分生孢子，成为初侵染源。通过种子调运可造成病害的远距离传播，未经消毒的种子播种后，病菌可直接侵染子叶，引发病害。分生孢子也可借助雨水、灌溉水、农事活动和昆虫传播。发病最适温为24℃，潜育期3天。低温、高湿适合发病，气温在22～24℃，空气相对湿度95%以上，叶面有露珠时易发病。温度高于30℃，空气相对湿度低于60%，病势发展缓慢。

【防治方法】　发病初期及时喷药，可选用50%咪鲜胺锰盐可湿性粉剂1 000倍液，或10%苯醚甲环唑水分散粒剂1 500倍液，或30%苯甲·丙环唑乳油3 000倍液，或68.75%噁酮·锰锌水分散粒剂1 000倍液，或10%多抗霉素可湿性粉剂700倍液，或25%咪鲜胺乳油3 000倍液，或50%吡唑醚菌酯水分散粒剂500倍液，或50%醚菌酯干悬浮剂3 000倍液，或25%嘧菌酯悬浮剂1 500倍液，或80%福·福锌可湿性粉剂600倍液等药剂。每5～7天喷药1次，连续喷药2～3次。

3. 黄瓜疫病

【病原】　德氏疫霉。

【症状】　这是一种很常见的病害，但很多人并不能像对霜霉病那样准确识别。黄瓜疫病发展很快，幼苗染

病多始于嫩尖，叶片上出现暗绿色病斑，幼苗呈水浸状萎蔫，病斑不规则状，湿度大时很快腐烂（彩图 23）。成株染病，生长点及嫩叶边缘萎蔫、坏死、卷曲，病部有白色菌丝，俗称“白毛”。叶片染病产生圆形或不规则形水浸状大病斑，边缘不明显，扩展快，扩展到叶柄时叶片下垂（彩图 24）。干燥时呈青白色，湿度大时病部有白色菌丝产生。瓜条染病，形成水浸状暗绿色病斑，略凹陷，湿度大时，病部产生灰白色菌丝，菌丝较短，俗称“粉状霉”。病瓜逐渐软腐，有腥臭味。

【发病规律】　病菌主要以菌丝体、卵孢子及厚垣孢子随病残体在土壤或粪肥中越冬，借风、雨、灌溉水传播蔓延。发病适温为 28～30℃，土壤水分是影响此病流行程度的重要因素。夏季温度高、雨量大、雨日多的年份疫病容易流行，危害严重。此外，地势低洼、排水不良、连作等易发病。设施栽培时，春夏之交，打开温室前部放风口后，容易迅速发病。

【防治方法】　增施磷钾肥，勿偏施过量氮肥。高畦深沟，雨季注意排涝。保护地用烟熏法或粉尘法，露地喷雾并淋灌茎基部。疫病用药与霜霉病类似，可选用 52.5％噁酮·霜脲氰水分散粒剂 2 500 倍液，或 58％甲霜·锰锌可湿性粉剂 500 倍液，或 64％噁霜·锰锌可湿性粉剂 500 倍液，或 50％烯酰吗啉可湿性粉剂 500 倍液，或 10％氰霜唑悬浮剂 2 000 倍液，或 72％锰锌·霜脲可

湿性粉剂 600 倍液，或 70%乙铝·锰锌可湿性粉剂 500 倍液，或 25%烯肟菌酯乳油 1 000 倍液，或 69%烯酰·锰锌可湿性粉剂 1 000 倍液，或 55%烯酰·福美双可湿性粉剂 700 倍液，或 50%嘧菌酯水分散粒剂 1 500 倍液等。每 5～7 天 1 次，视病情连续防治 2～3 次。

4. 灰霉病

【病原】　灰霉菌。

【症状】　叶片多从叶缘开始发病，病斑很大，呈弧形向叶片内部扩展，有时受大叶脉限制病斑呈“V”字形，有时症状像黄瓜疫病，但病斑不似黄瓜疫病病斑那样白而薄（彩图 25）。在发病后期或湿度较高时，病斑上生有致密的灰色霉层（彩图 26），而不是黄瓜疫病那样的白色霉层。值得注意的是，在低温高湿条件下，有时灰霉病和黄瓜疫病会混发，在黄瓜疫病病斑的坏死组织上着生灰霉病菌。嫩茎上初生水浸状不规则斑，后变灰白色或褐色，病斑绕茎一周，其上端枝叶萎蔫枯死，病部表面生灰白色霉状物（彩图 27）。果实多从萼片处发病，同样密生灰色霉层（彩图 28）。

【发病规律】　病菌以菌丝、分生孢子在病残体上越冬，属弱寄生菌，可在腐败的植株上生存。分生孢子随气流及雨水传播蔓延，侵染的适宜温度为 16～20℃，气温高于 24℃侵染缓慢。灰霉病属于低温高湿型病害，因此设施栽培时在寒冷季节发病最重。

【防治方法】 增温降湿。发病后及时摘除病果、病叶，然后再用药，否则很难奏效。初期燃放腐霉利烟剂或百菌清烟剂，隔5～7天1次，连续或交替燃放3～4次。也可选择喷洒50%腐霉利可湿性粉剂2 000倍液，或25%咪鲜胺乳油2 000倍液，或30%霉威·百菌清可湿性粉剂500倍液，或40%嘧霉胺悬浮剂1 200倍液，或2%丙烷脒水剂1 000倍液，或50%烟酰胺水分散粒剂1 500倍液，或25%啶菌噁唑乳油2 500倍液，或50%异菌·福美双可湿性粉剂800倍液等药剂。每5～7天1次，视病情连续防治2～3次。

5. 细菌性角斑病

【病原】 丁香假单胞杆菌黄瓜角斑病致病变种。

【症状】 病叶先出现针尖大小的淡绿色水浸状斑点，渐呈淡黄色、灰白色、白色，因受叶脉限制，病斑呈多角形（彩图29）。叶背病斑与正面类似，呈多角形小斑，潮湿时病斑外有乳白色菌脓，干燥时呈白色薄膜状（故称白干叶）或白色粉末状。在干燥情况下，多为白色，质薄如纸，易穿孔（彩图30）。病斑大小与湿度有关，夜间饱和湿度持续超过6小时，病斑大；空气相对湿度低于85%，或饱和湿度时间少于3小时，病斑小。

果实上病斑初呈水浸状圆形小点，在较干燥的环境下呈凹陷状，引发果实流胶。具有类似流胶症状的还有黑星病等侵染性病害以及某些生理病害，许多菜农对流

胶症状十分困惑，实际上这多是细菌性角斑病病菌引发的果实症状。在高湿环境下，果面病斑会逐渐扩展成不规则的或连片的病斑，并向果实内部发展，导致维管束附近的果肉变为褐色，病斑溃裂，溢出白色菌脓，并常伴有软腐病病菌侵染，呈黄褐色水浸状腐烂。

【发病规律】 病菌附着在种子内外传播，或随病株残体在土壤中越冬，存活期达1～2年。借助雨水、灌溉水或农事操作传播，通过气孔或伤口侵入植株。空气湿度大，叶面结露时，病部菌脓可随叶缘吐水传播蔓延，反复侵染。发病适温为24～28℃，最高39℃，最低4℃，适宜相对湿度为80％以上。昼夜温差大，结露重且时间长时发病重。

【防治方法】 种子消毒，可先用55℃温水浸种15分钟，或冰醋酸100倍液浸种30分钟，或次氯酸钙300倍液浸种30～60分钟，或100万单位农用链霉素500倍液浸种2小时。用清水洗净药液后，再用清水浸种，总浸种时间要达到3个小时，然后再催芽、播种。

浇水后发病严重，因此每次浇水前后都应喷药预防。发病初期选择喷洒20％噻森铜悬浮剂300倍液，或20％噻唑锌悬浮剂400倍液，或20％噻菌茂可湿性粉剂600倍液，或80％乙蒜素乳油1 000倍液，或2％宁南霉素水剂260倍液，或15％络氨铜水剂300倍液，或0.5％氨基寡糖素水剂600倍液，或20％松脂酸铜乳油

1 000 倍液，或 56%氧化亚铜水分散粒剂 600～800 倍液，或 15%混合氨基酸铜·锌·锰·镁水剂 300 倍液，或 1%中生菌素可湿性粉剂 300 倍液，或 20%乙酸铜水分散粒剂 800 倍液，或 30%氧氯化铜悬浮剂 600 倍液，或 30%硝基腐殖酸铜可湿性粉剂 600 倍液等药剂，每 5～7 天 1 次，连喷 2～3 次。

6. 病毒病

【病原】 黄瓜绿斑驳花叶病毒、黄瓜花叶病毒、西瓜花叶病毒等。

【症状】 黄瓜病毒病是一类非常复杂的病害，由于病原不同，症状各异，在植株叶、茎、瓜上都会显症，以叶片最为明显，表现为黄化、花叶、斑驳、坏死、褪绿、皱缩、畸形等多种症状。植株矮小，产量降低。但病毒病一般不导致植株死亡。

视频 35 黄瓜病毒病

【发病规律】 某地新发病毒病多数来源于种子带毒，而病毒病在当地的传播多依靠昆虫。病毒病的流行水平取决于虫口密度和环境条件。天气温暖、空气干燥有利于传毒媒介昆虫繁殖，因而病毒病严重。若冬春季节雨水多、气温低，病害就相应减轻。田间发病最适温度为 25℃，超过 35℃或低于 12℃时则很少表现症状。

【防治方法】

（1）防治传毒媒介

传毒媒介昆虫有蚜虫、白粉虱、蓟马等。防治时要消灭越冬虫源，减少春季虫源。

① 物理防治　覆盖银色膜能够减少传毒昆虫的侵入，减少该病毒病的发生。用细网眼的网纱可隔离蓟马、白粉虱、有翅蚜。蓟马对蓝色具有趋性，可利用蓝板诱杀。蚜虫、白粉虱对黄色有趋性，可以用黄板诱杀。

② 药剂防治　选择喷洒下列药剂：50％辛硫磷乳油 1 000 倍液，或 10％吡虫啉可湿性粉剂 1 500 倍液，或 2.5％多杀霉素悬浮剂 1 000 倍液，或 22％吡虫·毒死蜱乳油 1 500 倍液等。每隔 5 天喷 1 次，连喷 2～3 次。

（2）药剂防治病毒病

① 盐酸吗啉胍类药剂　目前普遍应用的是盐酸吗啉胍类药剂，盐酸吗啉胍的作用机理是抑制病毒的 DNA 和 RNA 聚合酶的活性及蛋白质的合成，从而抑制病毒繁殖。选择药剂有：32％核苷·溴·吗啉胍水剂 1 000 倍液，或 20％吗胍·乙酸铜可湿性粉剂 500 倍液，或 40％羟烯·吗啉胍可溶性粉剂 1 000 倍液，或 7.5％菌毒·吗啉胍水剂 500 倍液，或 25％吗啉胍·锌可溶性粉剂 500 倍液，或 31％氮苷·吗啉胍水剂 1 000 倍液等。使用上述药剂喷雾，每隔 5～7 天喷 1 次，连续使用 2～3 次。

② 微生物源和植物源制剂　选择微生物源药剂喷雾

防治，如5%菌毒清水剂500倍液，或8%宁南霉素水剂750倍液；选择植物源制剂喷雾防治，如0.5%菇类蛋白多糖水剂300倍液，或0.5%葡聚烯糖可溶性粉剂4 000倍液等。每隔5～7天喷1次，连续使用2～3次。这类药剂在控制病毒的同时兼有增强植物抵抗力的作用，但效果不稳定。

③ 生长调节剂类药剂　选用0.1%三十烷醇微乳剂1 000倍液，或1.5%烷醇·硫酸铜乳剂800倍液，或6%菌毒·烷醇可湿性粉剂700倍液等药剂喷雾，每隔5～7天喷1次，连续使用2～3次。这类药剂能刺激生长，抵消病毒的抑制生长作用，但缺点是有可能导致蔬菜早衰、减产、抗逆性降低。

④ 其他药剂　选用3%三氮唑核苷水剂500倍液，或3.85%三氮唑核苷·铜·锌水乳剂600倍液，或24%混脂·硫酸铜水剂800倍液，每隔5～7天喷1次，连续使用2～3次。

⑤ 药剂复配　进行药剂复配，提高防治效果，可用配方有：1.5%烷醇·硫酸铜乳剂800倍液+0.004%芸苔素内酯水剂1 500倍液；20%吗胍·乙酸铜可湿性粉剂500倍液+0.004%芸苔素内酯水剂1 500倍液；0.5%几丁聚糖水剂1 000倍液+植物细胞分裂素可湿性粉剂600倍液。每隔5～7天喷1次，连续使用2～3次。

二、虫害

1. 瓜蚜。

【学名】　棉蚜。

【为害特点】　成虫和若虫在瓜叶背面和嫩梢、嫩茎上吸食汁液。嫩叶及生长点被害后，叶片卷缩，生长停滞，甚至全株萎蔫死亡；老叶受害时不卷缩，但提前干枯。

【形态特征】　无翅孤雌蚜体长1.5～1.9毫米，夏季多为黄色，春秋为墨绿色至蓝黑色（彩图31）。有翅孤雌蚜体长2毫米，头、胸黑色（彩图32）。

【生活习性】　在华北地区1年发生10多代，于4月底产生有翅蚜迁飞到露地蔬菜上繁殖为害，直至秋末冬初又产生有翅蚜迁入保护地。北京地区以6～7月虫口密度最大，为害严重；7月中旬以后因高温高湿和降雨冲刷，不利于蚜虫生长发育，为害减轻。

【防治方法】　可选用下列药剂之一喷雾：50%灭蚜松乳油1 500倍液，或20%氰戊菊酯乳油2 000倍液，或2.5%溴氰菊酯乳油2 000～3 000倍液，或2.5%高效氯氟氰菊酯乳油3 000～4 000倍液，或50%抗蚜威可湿性粉剂2 000～3 000倍液，或20%氰戊·杀松螟乳油4 000倍液，或21%氰戊·马拉松乳油6 000倍液，或

10%吡虫啉可湿性粉剂 1 500～2 000 倍液，或 15%哒螨灵乳油 1 500～2 000 倍液，或 4.5%高效氯氰菊酯乳油 1 500～2 000 倍液等药剂，每 5～7 天 1 次，连续防治 2 次，效果较好。

有翅成蚜对黄色、橙黄色有较强的趋性，还可以采用黄板诱蚜方式。取一块长方形的硬纸板或纤维板，板的大小一般为 30 厘米×50 厘米，先涂一层黄色广告色（水粉，美术商店有售），晾干后，再涂一层黏性黄色机油（机油内加入少许黄油），利用机油粘杀蚜虫，经常检查并涂抹机油。

2. 温室白粉虱

【学名】 温室白粉虱。

【为害特点】 温室白粉虱在我国的存在是典型的生物入侵的结果。最初我国并没有温室白粉虱，它是随着蔬菜种子和农产品的进口传入我国的。目前，温室白粉虱是保护地栽培中的一种极为普遍的害虫，几乎可为害所有蔬菜。成虫和若虫吸食植物汁液，被害叶片褪绿、变黄、萎蔫，甚至全株死亡。此外，能分泌大量蜜露，污染叶片，导致煤污病，并可传播病毒病。

【形态特征】 成虫体长 1.0～1.5 毫米，淡黄色，翅面覆盖白蜡粉（彩图 33）。卵长约 0.2 毫米，侧面观为长椭圆形，基部有卵柄，从叶背的气孔插入植物组织中。初产时淡绿色，覆有蜡粉，而后渐变为褐色，至孵化前

变为黑色。1 龄若虫体长约 0.29 毫米，长椭圆形；2 龄若虫体长约 0.37 毫米；3 龄若虫体长约 0.51 毫米，淡绿色或黄绿色，足和触角退化，紧贴在叶片上；4 龄若虫又称伪蛹，体长 0.7～0.8 毫米，椭圆形，初期体扁平，逐渐加厚呈蛋糕状（彩图 34），中央略高，黄褐色。

【生活习性】　在温室条件下 1 年可发生 10 余代，各虫态在温室越冬并继续为害。成虫羽化后 1～3 天可交配产卵，平均每头雌虫可产卵 142 粒左右。也可进行孤雌生殖，其后代为雄性。群居于嫩叶叶背，成虫总是随着植株的生长不断追逐顶部嫩叶。温室白粉虱在我国北方冬季野外条件下不能存活，通常要在温室作物上继续繁殖为害，无滞育或休眠现象。

【防治方法】　由于温室白粉虱虫口密度大，繁殖速度快，可在温室、露地间迁飞，药剂防治十分困难，也没有十分有效的特效药，但有几种行之有效的生态防治方法。

其一，覆盖防虫网。每年 5～10 月，在温室、大棚的通风口覆盖防虫网，阻挡外界白粉虱进入温室，并用药剂杀灭温室内的白粉虱，纱网密度以 50 目为好，比家庭用的普通窗纱网眼要小。

其二，黄板诱杀。可以用纸板、木板涂上黄色油漆或广告色，或用吹塑纸、黄色塑料板制作。表面再涂上机油，利用白粉虱对黄色的趋性，将其吸引过来并将其

粘住。除自制外，也可从市场直接购买。常年悬挂在设施中，可以大大降低虫口密度，再辅助以药剂防治，基本可以消灭白粉虱。

其三，频振式杀虫灯诱杀。这种装置以电或太阳能为能源，将光的波长、波段、频率设定在特定范围内，利用害虫较强的趋光、趋波等特性，以及诱到的害虫本身产生的性信息引诱成虫扑灯，灯外配以频振式高压电网触杀，使害虫落入灯下的接虫袋内，达到杀虫目的。

药剂防治时，可用 2.5%溴氰菊酯乳油 2 000～3 000 倍液，或 1.8%阿维菌素乳油 3 000～4 000 倍液，或 10%吡虫啉可湿性粉剂 1 500～2 000 倍液，或 15%哒螨灵乳油 1 500～2 000 倍液，或 4.5%高效氯氰菊酯乳油 1 000～2 000 倍液等药剂喷雾防治。

3. 刺足根螨

【学名】 刺足根螨。

【为害特点】 成、若螨群聚于根表面刺吸为害，根系变褐色，腐烂，吸收能力降低。地上部植株矮小、瘦弱，叶片黄化，边缘皱缩，生长缓慢。容易误诊为缺素。

【形态特征】 成螨，雌螨体长 0.58～0.87 毫米，宽卵圆形，白色发亮。螯肢和附肢浅褐红色；前足体板近长方形；后缘不平直；基节上毛粗大，马刀形。格氏器官末端分叉。交配囊紧接于肛孔的后端，有一较大的外口。雄螨体色和特征相似于雌螨。跗节爪大而粗，基

部有一根圆锥形刺。卵椭圆形，乳白色半透明。若螨体长0.2～0.3毫米，体形与成螨相似，足色浅，胴体呈白色（彩图35和彩图36）。

【发生规律】　每年发生9～18代，以成螨在土壤中越冬。两性生殖。雌螨交配后1～3天开始产卵，每雌平均产卵200粒左右。卵期3～5天。既有寄生性也有腐生性，同时也有很强的携带腐烂病菌和镰刀菌的能力。喜欢高湿的土壤环境，高温干旱对其生存繁殖不利。

【防治方法】　每667米^{2}用20%氰戊菊酯、辛硫磷混合乳油200～250毫升，拌湿润的细土，翻耕后撒入田内，然后整地种植。出现症状后，用1.2%烟碱·苦参碱乳油800～1 000倍液，或73%炔螨特乳油2 000倍液、15%哒螨灵乳油2 000～3 000倍液灌根，大剂量连灌3次，基本可以控制虫害。还可用1.8%阿维菌素乳油1 000～1 500倍液灌根，每株灌药液250毫升，效果也很好。